DIANWANG JIJIAN XIANGMU
QUANJING HOU PINGJIA

电网基建项目
全景后评价

主　编　王静怡

副主编　徐　超　王　球　翟晓萌

中国电力出版社
CHINA ELECTRIC POWER PRESS

内 容 提 要

基于能源安全战略和输配电价改革要求，为更好支撑电网规划和项目储备，适时开展电网基建项目全景后评价。

本书从投资项目后评价体系现状、电网投资项目后评价效率效益评价要素梳理、以效率效益为中心的电网项目后评价体系研究、以效率效益为中心的电网项目专项分析评价、以效率效益为中心的电网项目全景后评价应用及策略研究等六章，深入浅出地介绍了新形势下电网基建项目全景后评价体系，以期为电网投资决策提供支撑。

本书适用于电网企业计划部门投资管理人员、经研院（所）电网投资研究和投资项目后评价管理人员，也可供从事后评价咨询机构相关人员参考。

图书在版编目（CIP）数据

电网基建项目全景后评价 / 王静怡主编；徐超，王球，翟晓萌副主编. -- 北京：中国电力出版社，2025.7. -- ISBN 978-7-5239-0134-2

Ⅰ. TM7

中国国家版本馆 CIP 数据核字第 2025ZV8988 号

出版发行：中国电力出版社
地　　址：北京市东城区北京站西街 19 号（邮政编码 100005）
网　　址：http://www.cepp.sgcc.com.cn
责任编辑：张　瑶（010-63412503）
责任校对：黄　蓓　李　楠
装帧设计：张俊霞
责任印制：石　雷

印　　刷：廊坊市文峰档案印务有限公司
版　　次：2025 年 7 月第一版
印　　次：2025 年 7 月北京第一次印刷
开　　本：710 毫米×1000 毫米　16 开本
印　　张：6
字　　数：114 千字
定　　价：38.00 元

前　言

　　近年来，国务院、国务院国有资产监督管理委员会、国家能源局等国家层面密集发布一系列投资管理制度，均要求加强对央企投资全方位、全过程监管，并要求加强后评价，提高电网企业投资效率效益。后评价日趋成为国家相关部门对央企投资监管的一种有效辅助手段。

　　当前有关介绍电网基建项目后评价主要以单体项目为主，并未扩大到全量评价，且并未聚焦投资效率效益，未形成一套有效的效率效益量化评价指标、数据集和综合评价模型及应用机制，难以形成对电网投资决策的全方位支撑。构建电网基建项目全景后评价体系对于支撑电网规划和项目储备、优化电网投资策略具有重要意义。本书试图作为引玉之砖，有效弥补当前评价体系的缺憾。

　　本书提出了构建电网基建项目全景后评价指标、综合评价方法、应用机制，实现对电网和项目层级的全量分析，以及对特色项目、特定领域的专项分析，形成支撑电网投资决策合力。本书以国家、行业和企业投资项目后评价制度为依据，结合相关综合评价方法编制，共分六章，第一章为概述，主要介绍全景后评价提出背景、内涵和相关评价方法；第二章为投资项目后评价体系现状，主要介绍电网项目后评价制度、工作流程、评价指标和方法、成果和应用形式现状，其他行业投资项目后评价现状，并比较分析电网投资项目后评价可借鉴之处；第三章为电网投资项目后评价效率效益评价要素梳理，主要介绍政府、行业、企业层面后评价内容规定，并聚焦效率效益，梳理各级层面效率效益评价要素；第四章为以效率效益为中心的电网项目后评价体系研究，包含电网项目投资价值指标和数据集构建、综合评价方法，可实现对电网和项目的全量分析；第五章为以效率效益为中心的电网项目专项分析评价，主要聚焦政府部门投资监管重点进行专项分析；第六章为开展电网项目全景后评价应用及策略分析，主要开展体系应用，挖掘效率效益影响因素，提出投资策略建议。

　　本书注重实用性、可操作性，从后评价体系现状、全景后评价体系构建及应用等方面详细讲解了电网基建项目全景后评价体系，力图深入浅出。

　　本书旨在为读者提供有益启发和借鉴，但限于时间和编者水平有限，难免存在不足之处。恳请广大读者批评指正，帮助我们持续改进和完善。

编　著　者

2025 年 4 月

目　录

第一章 概　　述

第一节　全景后评价提出背景

近年来，国务院、国务院国有资产监督管理委员会（简称国资委）、国家能源局等国家层面密集发布一系列投资管理制度，力求加强对央企投资全方位、全过程监管，重点"管投向、管程序、管风险、管回报"，并要求加强后评价，提高电网企业投资效率效益。后评价日趋成为国家相关部门对央企投资监管的一种有效辅助手段。为积极贯彻中央要求和国资委部署，各电网公司在后评价实践中积极构建评估评价体系，助力企业加强投资"事中事后分析评估"工作。

当前，我国经济已由高速增长阶段转向高质量发展阶段，电网发展也由过去依靠电量高速增长支撑大规模投资方式向高质量发展方向转变。电网企业经营发展面临生产经营指标和输配电价约束，同时能源转型背景下加快构建新型电力系统，新能源快速发展，分布式电源、新能源、新兴负荷大量接入，新型储能和抽蓄等调节性电源、微电网、虚拟电厂、源网荷储一体化项目建设加快，配套电网投资规模加大，电力系统源网荷储各环节建设和运营成本不确定性增加；优化营商环境和降低用能成本下电网投资界面延伸，业扩配套项目投资建设和运营成本增加，电网安全性和政策性项目投资比例不断攀升，电网投资效率效益面临新的挑战。同时输配电价改革新形势下，电网投资管理合规性重要程度亦加强，有效资产成为电网投资基本准则，需有效防范合规性风险，并提升资产有效性。基于效率效益提升的迫切性和重要性，当前后评价工作也逐渐聚焦效率效益，并防范投资风险，以年度总报告和工作简报等形式推出。当前输变电工程后评价对象以单个工程项目为主流，经过多年发展，已形成完善的制度体系、固化的工作流程、成熟的指标体系和方法、逐步完善的应用体系。但也存在诸如报告综合评价性、成果可应用性待加强等问题。

单一工程项目虽然评价体系成熟，但由于电网系统是一个复杂的网络系统，效益贡献难以剥离，相关财务效益评价等更多是设定一定的假设条件开展。因此，在单项工程评价基础上，结合开展整体评价非常有必要。电网公司也要求在单一输变电工程后评价的基础上，加快推进110千伏及以上电网工程后评价工作。

一是适应外部新形势要求。当前投资监管和输配电价改革形势下，效率效益成为投资决策评估准则。为更合理评估投资效率效益，在单项评估基础上，有必要从电网整体或局部电网如某一电压等级电网角度开展，基于单项和整体的有机结合，从多维视角提供不同支撑性成果，为投资决策提供更为科学合理的依据，也为投资监管部门提供更为科学合理的评估结论。同时，《关于印发〈国家发展改革委重大项目后评价管理办法〉的通知》（发改评督规〔2024〕1103号）提出：项目可选取高质量发展、新质生产力有重大支撑和示范意义的项目；根据需要，可以对同行业、同区域多个项目开展专题后评价；开展专题后评价的项目主要聚焦专题评价内容进行自我总结评价，可简化编写其他内容。开展全景后评价也是响应该规定的重要举措。

二是有效指导内部业务要求。规划和储备是投资决策部门业务核心。而后评价在当前乃至相当长时期内作为政府监管央企的有效手段，在新形势下，也有望成为企业内部支撑核心业务完善的有力工具。由于单个工程项目后评价成果对规划和储备指导性不强，而在国家加强投资规划管理和输配电价改革形势下，对规划和储备提出了更高要求，不仅要求前端提升规划水平，也要求后端及时提供已建项目的反馈，通过前端和后端并举，提升规划水平和储备项目质量。因此，加强后评价对规划和储备业务的支撑，必然要求开展整体评价。

第二节　全景后评价体系内涵

考虑多电压等级或公司整体评价将成为评价趋势，按照先行先试原则，可先行以某一电压等级为试点，先建立指标评价体系，再逐步扩展。

（1）评价形式的拓展，从单一项目到单一电压等级电网再到多电压等级的项目群评价，包含重点项目开展单项详细后评价，一般项目开展简化后评价，以某一电压等级主网开展整体和项目的点面结合评价，具有特色亮点项目开展专项分析，配电网开展区域项目群评价。

（2）评价维度的扩展，从单一项目扩展到单一电压等级电网、该电压等级年度所有投产项目的多维度评价，点面结合，面上以电网为评价单元，点上以不同类型项目群、具有特色亮点项目为评价单元，如国家优质工程、新技术应用项目、国资委抽查项目。

（3）综合评价方法的建立，包含评价指标、评分规则、评价方法，形成电网和项目综合效率效益指数，并紧跟当前新形势开展专项分析。

（4）促进长效机制的建立，通过每年度某一电压等级电网和投产项目以效率效益指数、成效和问题清单等形式的滚动发布，促进提升项目管理水平长效机制的建立。

（5）对于重大重点项目，聚焦投资风险评估，以降低监管风险，完善已建项目，改进在建项目，指导待建项目。

结合《关于印发〈国家发展改革委重大项目后评价管理办法〉的通知》（发改评督规〔2024〕1103号）文件精神，按照先行先试原则，全景后评价侧重以某一电压等级输电网开展整体和项目的点面结合评价，政府监管部门抽查项目开展专项分析，具体如下：

1）基于年度或若干年度某一电压等级输电网和新增项目为对象，在合规性基础上，构建以效率效益为中心的评价指标、评分规则和综合评价方法的综合性体系，效率包含运行效率和经营效率，效益包含经济、社会和环境效益。

2）以年度电网和新增项目效率效益基础数据为支撑，基于综合性体系开展年度电网和新增项目的点和面的全量分析（固定动作），辅以专项分析（自选动作），综合评估效率效益指数，挖掘效率效益影响因素，提炼问题清单，总结亮点经验，提出策略建议，为投资项目管理水平和决策水平提升提供支撑。相对于单个项目后评价，全景后评价形式和维度扩大到电网和项目群，聚焦效率效益，构建综合性体系，具有较强的综合性。

本书聚焦500千伏输变电工程和220千伏业扩配套项目，分类和整体构建新形势下电网和项目投资效率效益评价指标和评价方法，建立各类投资项目合规性、效率效益评价指标数据集合，从而对项目投资价值进行分类和整体评价。本书基于各类项目和整体投资效率效益的全量数据分析评价，抓取影响各类项目投资效率效益的外部和内部关键因素及不确定性因素，提出各类投资项目投资策略，为下一步500千伏电网和220千伏业扩配套项目投资策略提供支撑。此外，将在上述综合分析评价基础上，开展专项分析，重点选取典型项目，紧扣国资委关注重点，开展投资方向、投资程序、投资回报和投资风险的综合评价。

第三节　全景后评价方法概述

文献查阅：广泛查阅国内外相关文献、平台，系统查找国内外电网投资、其他行业和企业投资项目后评价或专项评价文献资料。

比较分析：基于文献查阅，结合国家、行业和企业层面制度文件，比较当前各层面电网投资、其他行业项目后评价体系以及项目和整体效率效益。

总结归纳：基于文献查阅、比较分析，系统总结当前电网投资项目、其他行业或企业后评价现状水平。

统计分析：基于项目和整体投资价值、专项分析的全量数据，统计分析单个项目和整体电压等级电网投资价值。

鱼骨图分析：基于全量数据分析，抓取和整理影响投资合规性、效率效益因素，采用鱼骨图总结分析各类项目投资合规性、效率效益影响因素。

穷举法：指标按项目类型分类构建，如满足新增负荷需求、加强网架结构、加强输电通道、保障电源送出、服务新能源等，从工程建设合规性、建设效率、资金利用效率、工程转资效率、运行效率、经济效益、系统安全效益、环境效益、社会效益等方面分别构建评价指标，从专项重点评价内容方面构建专项评价指标，主要基于各类渠道进行指标穷举，并按照"抓重点、聚焦点"原则进行筛选。

赋权方法：采用 G1（序关系分析法）赋权，包含各评价指标的赋权和各项目类型的赋权，各项目类型赋权以便于不同类项目的横向比较。

分档评分法：以理想值、规定值等作为各档次基准分界线，按照不同档次分别评估指标得分。

标杆评分法：以理想值、规定值、行业水平等作为标杆，评估指标实际值较标杆值的差距，从而给出指标实际得分。

第二章　投资项目后评价体系现状

第一节　电网投资项目后评价现状

一、电网投资项目后评价制度现状

1. 政府层面

国务院国有资产监督管理委员会、国家发展改革委分别于 2005 年 5 月 25 日、2008 年 11 月 7 日、2014 年 9 月 21 日、2024 年 7 月 22 日、2024 年 8 月出台了《中央企业固定资产投资项目后评价工作指南》(国资发规划〔2005〕92 号)、《关于印发〈中央政府投资项目后评价管理办法(试行)〉的通知》(发改投资〔2008〕2959 号)、《关于印发〈中央政府投资项目后评价管理办法和中央政府投资项目后评价报告编制大纲(试行)〉的通知》(发改投资〔2014〕2129 号)、《关于印发〈国家发展改革委重大项目后评价管理办法〉的通知》(发改评督规〔2024〕1103 号),规范了央企和政府投资项目后评价工作。2020 年 5 月 28 日,国家发展改革委、国家能源局联合印发了《关于加强和规范电网规划投资管理工作的通知》(发改能源规〔2020〕816 号),要求加强电网规划及投资项目的事中事后分析评估,完善电网投资成效评价。各层级制度基本涵盖后评价定义、后评价项目选取范围、后评价实施程序、后评价内容和方法等,其中新修订《关于印发〈国家发展改革委重大项目后评价管理办法〉的通知》(发改评督规〔2024〕1103 号),聚焦重大具有代表性项目,包含"对高质量发展、国家重大战略实施和重点领域安全能力建设、现代化产业体系构建、发展新质生产力有重大支撑和示范意义的项目""对实现碳达峰碳中和中具有重大影响的项目",同时可以对同行业、同区域多个项目开展专题后评价,重大项目和项目群评价将成为后评价发展趋势。

由于国家层面涉及行业较多,并未单独针对某一具体行业出台相关后评价管理办法和后评价报告编制大纲,按照国资发规划〔2005〕92 号文要求,中央企业参照该文自行制定本企业项目后评价实施细则。对于涉及中央预算内投资项目,可按照《中央政府投资项目后评价管理办法》要求,参照《中央政府投资项目后评价报告编制大纲（试行）》编制后评价报告。电网作为关系国民经济命脉的重要基础性设施，符合国资发规划〔2005〕92 号文和发改评督规〔2024〕1103 号文相关后评价项目选取原则。

虽然具体到电网基础设施层面并无单独的国家层面的后评价管理办法和编制大纲，但国资发规划〔2005〕92 号和发改评督规〔2024〕1103 号等国家层面文件为电网项目开展后评价相关工作提供了顶层指导。同时，后续虽并无相关的后评价管理办法出台，但相关投资管理文件中也提到了要加强对央企投资全方位、全过程监管，重点"管投向、管程序、管风险、管回报"，并要求加强后评价，提高电网企业投资效率效益。

2. 行业层面

根据输变电工程特点，行业层面由国家能源局组织制定了《输变电工程项目后评价导则》（DL/T 5523—2017），并且专门就经济评价内容出台了《输变电经济评价导则》（DL/T 5438—2019），规范了后评价范围、后评价内容和方法。《输变电工程项目后评价导则》（DL/T 5523—2017）对包含对比法、逻辑法、逻辑框架法、综合评价法、成功度法、重点评价分析法、调查法等在内的各项后评价方法进行了术语解释，具体规定了输变电工程后评价内容组成，对项目实施过程、项目运营情况、项目财务效益、项目环境和社会效益、项目持续性等具体评价范围和内容进行了详细规定。基于输变电工程功能定位，将输变电工程划分形成送电工程、联网工程、省内输变电工程等不同类型项目，界定了不同类型项目财务效益计算参数。并针对各评价内容，设计了评价表格供辅助评价分析。《输变电经济评价导则》（DL/T 5438—2019）对包含输变电工程项目经济评价、财务评价、国民经济评价、融资前分析、融资后分析、经济评价参数等在内的各项经济评价术语进行了解释，从经济评价角度，具体规定了不同类型输变电工程财务效益和国民经济效益评价参数和方法。

《输变电工程项目后评价导则》（DL/T 5523—2017）、《输变电经济评价导则》（DL/T 5438—2019）作为行业标准，规范了输变电工程后评价和经济评价。

3. 企业层面

按照国资发规划〔2005〕92 号文要求，各电网公司分别制定了固定资产投资项目后评价管理办法，明确了后评价原则、后评价内容、后评价方法，规范了组织管理与实施工作，给出了《项目后评价报告》编制提纲，为电网工程后评价工作的开展提供了有效指导。从评价层级上，构建评价对象电压等级全覆盖评价，从低电压到特高压；从评价过程上，构建评价对象的全寿命周期评价，持续跟踪工程投产后运营数据；从评价手段上，探索工程后评价数据的系统采集，加强后评价结论的客观性和真实性。

4. 现状综述

国家层面相继出台了中央企业投资项目和中央政府投资项目后评价工作指南或管理办法，依据各行业特点，出台了大而全的中央政府投资项目后评价编制大纲或要求央企自行组织制定后评价制度。具体到各央企投资项目，国家层面要求各投资主体自行制定后评价实施细则，对于中央政府投资项目，参照国家层面制定的后评价管理办法和后评价编制大纲（试行）执行。同时基于政策环境和投资面临形势，不断修订后评价管理办法，最新修订的发改评督规〔2024〕1103号文已经聚焦重大具有代表性项目，包含与当前热点"高质量发展""新质生产力""碳达峰碳中和"等相关的项目，同时可以对同行业、同区域多个项目开展专题后评价，重大项目和项目群评价将成为后评价发展趋势。国家层面相关文件为后续行业层面后评价导则、企业层面后评价实施细则和后评价项目选取提供了指引。行业层面，国家能源局组织制定了输变电工程后评价导则和经济评价导则，规范了输变电工程后评价内容、方法。企业层面，出台了后评价实施细则企标，并根据内外部投资形势和提升后评价质量考量，相继修编完善了后评价编制大纲，作为输变电工程后评价报告编制模板，为规范各时期输变电工程后评价编制、聚焦评价重点提供了支撑。

二、电网项目后评价工作流程现状

国家层面，按照《中央企业固定资产投资项目后评价工作指南》要求，央企重要投资项目业主在项目完工投产后 6～18 个月内必须向主管中央企业上报《项目自我总结评价报告》；中央企业对项目的自评报告进行评价，得出评价结论。在此基础上，选择典型项目，组织开展企业内项目后评价。按照《国家发展改革委重大项目后评价管理办法》要求，国家发展改革委委托项目，则聚焦党中央、国务院决策部署，每年选取一定数量项目开展后评价，制定项目后评价年度计划，印送有关项目行业主管（监管）部门、省级发展改革部门和项目单位。列入后评价年度计划的项目应开展自我总结评价，项目单位应在收到后评价年度计划文件之日起 2 个月内，将自我总结评价报告报送至国家发展改革委，同时根据项目管理权限报送至项目行业主管（监管）部门、项目所在地的省级发展改革部门。情况特别复杂的项目在征得国家发展改革委同意后可适当延长报送期限。

企业层面，输变电工程后评价工作一般由各省公司计划部门牵头，建设分公司、各地市公司作为项目单位配合提资，各省经研院协助并组织评审和出具评审意见。关键工作涉及回头看数据填报、各项后评价报告编制评审和年度总报告编制等工作。具体实施流程如图 2-1 所示。

```
┌─────────────────────┐
│        开始          │
└─────────────────────┘
          │
          ▼
┌─────────────────────┐
│  各省公司上报年度    │◄──┐
│  后评价计划          │   │
└─────────────────────┘   │
          │               │
          ▼               │
       ◇◇◇◇◇◇◇◇          │
      ◇ 网公司计划 ◇──────┘
       ◇ 部门审核 ◇
       ◇◇◇◇◇◇◇◇
          │
          ▼
┌─────────────────────┐
│  网公司下达年度后    │
│  评价计划通知        │
└─────────────────────┘
          │
          ▼
┌─────────────────────┐
│  各省或相关地市、    │
│  经研院通过招标方    │
│  式确定第三方评价    │
│  机构                │
└─────────────────────┘
          │
          ▼
┌─────────────────────┐
│  完成回头看数据填    │
│  报审核工作和上传    │
└─────────────────────┘
          │
          ▼
┌─────────────────────┐
│  开展后评价报告编制  │
│  和年度总报告编制    │
│  工作                │
└─────────────────────┘
          │
  ┌───────┼────────────────┐
  ▼                        ▼
┌──────────────┐    ┌──────────────┐
│省公司或经研院组│◄──►│总报告编制及各省│
│织报告内审及完善│    │报告相关反馈工作│
└──────────────┘    └──────────────┘
          │
          ▼
┌─────────────────────┐
│  根据实际,统一      │
│  组织抽检评审        │
└─────────────────────┘
          │
          ▼
┌─────────────────────┐
│  开展后评价年度      │
│  总结工作            │
└─────────────────────┘
          │
          ▼
┌─────────────────────┐
│        结束          │
└─────────────────────┘
```

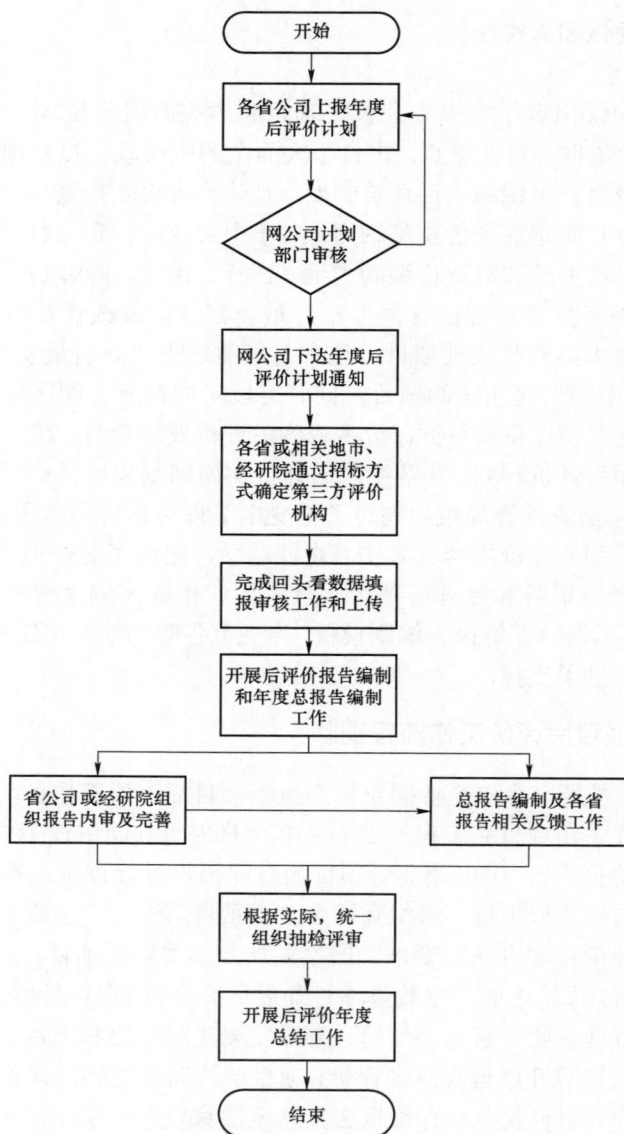

图 2-1　后评价工作开展流程

三、电网项目后评价指标和方法现状

1. 政府层面

(1) 指标方面。国资委《中央企业固定资产投资项目后评价工作指南》(国资发规划〔2005〕92 号）文件对所有央企固定资产投资项目后评价指标框架体系做了相应指引：

1）构建项目后评价的指标体系，应按照项目逻辑框架构架，从项目的投入、产出、直接目的 3 个层面出发，将各层次的目标进行分解，落实到各项具体指标中；

2）评价指标包括工程咨询评价常用的各类指标，主要有：工程技术指标、财务和经济指标、环境和社会影响指标、管理效能指标等。不同类型项目后评价应选用不同的重点评价指标；

3）项目后评价应根据不同情况，对项目立项、项目评估、初步设计、合同签订、开工报告、概算调整、完工投产、竣工验收等项目周期中几个时点的指标值进行比较，特别应分析比较项目立项与完工投产（或竣工验收）两个时点指标值的变化，并分析变化原因。从指标框架体系方面，主要细分两个层级，第一层级为投入、产出、直接目的；第二层级为技术、财务和经济、环境和社会影响、管理效能等；并且各指标主要按指标所在阶段进行项目建成前后的对比。在通用性上，列出了项目通用评价指标指引。

另外，在国家发展改革委《关于印发〈国家发展改革委重大项目后评价管理办法〉的通知》（发改评督规〔2024〕1103 号）文件中，其并未像国资发规划〔2005〕92 号文给出参考指标集，仅是提到了要建立后评价指标，应按照适用性、可操作性、定性和定量相结合原则，制定规范、科学、系统的评价指标。承担项目后评价任务的工程咨询机构，应根据项目特点和后评价的要求，在充分调查研究的基础上，确定具体项目后评价方案。

从政府层面来看，由于其普适性，目前给出的后评价指标参考集具有通用性，适用于工程建设过程、竣工投产、运行等各阶段和财务或经济评价、影响评价、目标评价等各环节，但也可根据项目特点，进行必要的筛选。

（2）方法方面。国资委《中央企业固定资产投资项目后评价工作指南》（国资发规划〔2005〕92 号）文件对所有央企固定资产投资项目后评价方法做了相应指引：

1）项目后评价方法应遵循现代系统工程与反馈控制的管理理论。

2）项目后评价的综合评价方法是逻辑框架法。

3）项目后评价的主要分析评价方法是对比法，包括前后对比、有无对比和横向对比。

4）项目后评价调查法，包括现场调查和问卷调查。

另外，在国家发展改革委《关于印发〈国家发展改革委重大项目后评价管理办法〉的通知》（发改评督规〔2024〕1103 号）文件中，其也对后评价方法给出了指引，主要是通用性方法，包括定性和定量相结合的方法，如逻辑框架法、调查法、对比法、专家打分法、综合指标体系评价法、项目成功度评价法，并运用信息技术、大数据、遥感监测等现代化手段。承担项目后评价任务的工程咨询机构，应根据项目特点和后评价的要求，在充分调查研究的基础上，确定具体项目后评价方案。与国资发规划〔2005〕92 号文相比，发改评督规〔2024〕1103 号文特别提到了综合指标体系评价法，并要求工程咨询机构根据项目特点和后评价的要求，确定具体项目后评价方案，采用通用与专用相结合的方法开展后评价工作。

从政府层面来看，由于其普适性，目前给出的后评价参考方法也主要是通用性方法，但也要求咨询机构根据项目特点和后评价的要求进行自主设计。对于输变电工程后评价来说，目前常用的主要是逻辑框架法、对比法、项目成功度评价法，辅以调查法、专家打分法。基于其特点，可以补充完善综合指标体系评价法。各咨询单位在历年后评价工作开展中也应用过综合指标体系评价法，用以评价项目成功度。

2. 行业层面

（1）指标方面。《输变电工程项目后评价导则》也并未特别建立输变电工程项目后评价指标集，仅提到了生产技术指标和财务指标。生产技术指标主要包括输送电量、容载比、线损率、最大负载率、事故停运次数；财务指标包含项目总投资、单位电量成本、电量、电价、年销售收入、全投资财务内部收益率、全投资财务净现值、全投资回收期、资本金财务内部收益率、投资各方财务内部收益率、项目资本金净利润率、偿债备付率、利息备付率。相对于《输变电工程项目后评价导则》（DL/T 5523—2017），《输变电经济评价导则》（DL/T 5438—2019）在经济评价部分增加经济增加值分析和国民经济评价，相应增加了经济增加值（EVA）、经济净现值、经济内部收益率、经济效益费用比等指标，但并未给出经济效益、经济费用构成的具体指标。从其适用性看，《输变电经济评价导则》（DL/T 5438—2019）给出的财务效益计算方法，主要是根据期望内部收益率、准许收入反算电价水平，评估财务生存能力，更适用于前评价。

从行业层面看，目前并未给出适用于输变电工程建设过程、竣工投产、运行等各阶段和财务或经济评价、影响评价、目标评价等各环节指标，仅提到了生产技术指标和财务指标。

（2）方法层面。《输变电工程项目后评价导则》在术语中介绍了项目后评价通用方法，包含前后对比法、有无对比法、横向对比法、逻辑法、逻辑框架法、综合评价法、成功度法、重点评价分析法、调查法。相对于国资发规划〔2005〕92 号文提到的逻辑框架法、对比法、调查法以及发改投资〔2014〕2129 号文提到的综合指标体系评价法，增加了逻辑法、综合评价法、重点评价分析法，缺少综合指标体系评价法，其中逻辑法是以时间、工作顺序等逻辑规律为指导，根据事实材料做出判断、进行推理、得出合理评价结论的方法；综合评价法是着重分析考察影响大和存在风险的问题，指出影响项目的关键指标，提出对项目的综合性评价结论的方法；重点评价分析法是以侧重评价工程实现的主要亮点以及存在问题的一种评价方法。综合指标体系评价法是通过构建综合指标体系，对评价对象进行全面综合的量化评估评价。

特别地，对于财务评价部分，《输变电工程项目后评价导则》（DL/T 5523—2017）和《输变电经济评价导则》（DL/T 5438—2019）在规定收入和成本计算的基础上，均给出了三种测算方法，一是根据现有电价政策及相关规定测算项目财务内部收益率；二是在确定期望财务内部收益率的条件下反算各类输配电价，分析项目财务生存能力和电价水平；三是以政府价格主管部门核定的准许收入为基础反算各类输配电价，分析项目财务生存能力和电价水平。

对照输变电工程后评价导则和经济评价导则，基于其特点，可以在目前常用的评价方法基础上，进一步扩展逻辑法、综合评价法、重点评价分析法、综合指标体系评价法。同时，财务效益评价增加经济评价部分内容。各咨询单位在历年后评价工作开展中也应用过综合评价法、综合指标体系评价法和重点评价分析法，用以评价项目成功度和开展特定的专题综合评价。最新的输变电工程后评价工作大纲也增加了经济评价内容，主要要求 500 千伏项目开展国民经济评价。

3. 企业层面

企业层面后评价指标主要集中在过程评价、运行效果效益评价和可持续性评价，分布在过程评价、效果评价和运营年度财务评价、社会环境影响、可持续性评价章节中。相较输变电工程后评价导则和经济评价导则，企标根据输变电工程功能特点，对运行效果指标进行了扩展，但对于财务评价部分，企标并未给定售电收入指标计算公式，仅提到营业收入为输送电量乘以输电价格，其中，输送电量为工程投运后增加的输送电量，根据不同的工程类型，建议电量统计口径如下：满足用电需求类项目建议使用主变压器下网电量；电源送出类项目建议采用上网电量；电铁类项目建议采用线路输送电量；加强输电通道、加强网架结构类项目建议采用过网电量。对于线路改接类、变电站改扩建类等项目，应结合前序项目合理计算分摊电量。当政府主管部门独立核定项目（一般为联网工程或专项输电工程）电价时，输电价格采用该核定电价；当项目电价未独立核算时，输电价格可按固定资产原值比例对不同电压等级核定的输配电价进行分摊。另外，成本费用也仅提到成本费用计算口径，即包括运维成本、折旧费、摊销费、线损费用和财务费用等，其中当运维成本不能清晰统计时，可按照电网固定资产原值分摊的方式估算，并适当考虑不同电压等级或项目情况对运维成本的影响系数。而对于配网或主网项目群评价，目前仍在探索阶段，并无相关系统成形的评价指标。

4. 现状比较综述

（1）指标方面。从各层面文件看，仅是行业、企业层面制定有输变电工程后评价内容深度规定和指标，行业层面主要是生产运行和经济效益评价指标，企业层面主要是过程评价、运行效果效益和财务效益评价指标。国家层面制定有通用性指标框架体系，具有普适性特征，适用于过程、技术、经济、影响和目标评价，颗粒度在框架层面，部分指标并不能直接套用，但可在该框架内执行，通过进一步变换落到具体行业应用；行业层面主要是输变电工程后评价指标，集中在经济评价，少量生产运行水平评价指标。对照后评价企标，结合过程、技术、经济、影响和目标评价内容，结合国家层面要求和电网公司关注点，输变电工程后评价指标在效率效益评价指标方面仍有完善空间。各文件/文献后评价指标构建类别见表 2-1。

表 2-1　　　　　　　各文件/文献后评价指标构建类别

文件/文献	过程评价	技术评价	经济评价	影响评价	目标评价
《中央企业固定资产投资项目后评价工作指南》（国资发规划〔2005〕92 号）	√	√	√	√	√
《关于印发中央政府投资项目后评价管理办法和中央政府投资项目后评价报告编制大纲（试行）的通知》（发改投资〔2014〕2129 号）					
《关于印发〈国家发展改革委重大项目后评价管理办法〉的通知》（发改评督规〔2024〕1103 号）					
《输变电工程项目后评价导则》（DL/T 5523—2017）		√	√		
《输变电经济评价导则》（DL/T 5438—2019）			√		
110 千伏及以上输变电工程后评价管理办法等相关企业标准	√		√	√	√

（2）方法方面。后评价的具体方法很多，常用方法主要有调查收资方法、对比分析方法、逻辑框架法和成功度法。政府层面主要介绍了对比法、逻辑框架法、成功度法、调查法、专家打分法、综合指标体系评价法等方法，另外还提到各咨询单位可结合工程特点进行方案设计，应采用信息技术、大数据等现代化手段；行业层面包含对比法、逻辑法、逻辑框架法、综合评价法、成功度法、重点评价分析法、调查法等；企业层面着重介绍了对比法、逻辑框架法、成功度法。从各层面的文件看，对比法是最常用方法。国家层面提到了综合指标体系评价法，行业层面提到了综合评价方法和重点评价分析法。现有各层面方法基本全面反映了输变电工程后评价方法，在常用的对比法、逻辑框架法、成功度法基础上，综合

评价法和重点评价分析法将是主要评价方法，可结合输变电工程特点和评价重点，根据项目类型特点和评价重点，具体选用科学合理的综合评价方法和重点评价分析法，以达到支撑评价的目的。各文件/文献后评价方法类别见表2-2。

表2-2　　　　　　　　　各文件/文献后评价方法类别

文件/文献	对比法	调查法	逻辑法	逻辑框架法	专家打分法	综合指标体系评价法	项目成功度评价法	综合评价法	重点评价分析法	信息技术、大数据等现代化手段
《中央企业固定资产投资项目后评价工作指南》（国资发规划〔2005〕92号）	✓	✓		✓			✓			
《关于印发中央政府投资项目后评价管理办法和中央政府投资项目后评价报告编制大纲（试行）的通知》（发改投资〔2014〕2129号）	✓	✓		✓	✓	✓	✓			
《关于印发〈国家发展改革委重大项目后评价管理办法〉的通知》（发改评督规〔2024〕1103号）	✓			✓						✓
《输变电工程项目后评价导则》（DL/T 5523—2017）	✓	✓	✓	✓			✓		✓	
《输变电经济评价导则》（DL/T 5438—2019）	✓									
110千伏及以上输变电工程后评价管理办法等相关企业标准	✓			✓		✓	✓		✓	

四、电网项目后评价成果和应用形式

1. 后评价成果形式

项目后评价成果一般包含自我总结评价报告和后评价报告，分别由项目单位和工程咨询机构承担。基于不同企业制定的后评价实施细则和管理模式，后评价成果有所侧重，但后评价报告是主要形式。作为输变电工程后评价，后评价工作成果一般包含后评价报告、工作简报、年度总结报告、专题研究报告等多维度多层级成果，其中工作简报主要聚焦项目投资效率效益，年度总结报告主要汇总各单项工程后评价成果，专题研究报告则针对特定的专题开展专项研究，如针对后评价发现的问题或者需要深入研究的，开展专项研究，与发改评督规〔2024〕1103号文提及的开展专题后评价契合。但相对于各项项目均出具了后评价报告，目前的自我总结评价报告更多的是针对于纳入国家投资监管项目、国家优质工程评优申报项目等，其他常规类型项目并未——开展，仅有建设单位建管总结，未扩展到后续运行效率效益等方面的总结。

2.成果应用形式

按照《中央企业固定资产投资项目后评价工作指南》（国资发规划〔2005〕92号）要求，中央企业投资项目后评价成果（经验、教训和政策建议）应成为编制规划和投资决策的参考和依据。中央企业在新投资项目策划时，应参考过去同类项目的后评价结论和主要经验教训。在新项目立项后，应尽可能参考项目后评价指标体系，建立项目管理信息系统，随项目进程开展监测分析，改善项目日常管理，并为项目后评价积累资料。同样地，按照《中央政府投资项目后评价管理办法》（发改投资〔2014〕2129号）要求，后评价成果应作为规划制定、项目审批、资金安排、项目管理的重要参考依据，后评价成果将及时提供给相关部门、省级发展改革部门和有关机构参考。而按照最新的发改评督规〔2024〕1103号文，后评价成果应作为规划制定、政策调整、制度优化、投资决策、资金安排、项目管理的重要参考依据，增加了政策调整、制度优化应用。按政府层面文件要求，后评价成果主要应用于规划、决策、政策制度调整优化、体制机制创新、项目管理和考核评价等方面。

后评价成果应用是开展后评价工作的最终目标，如何应用也是难点。各电网企业根据自身实际和管理模式、后评价发现的问题，在后评价成果应用上也形成了各自特色，例如：

（1）开发后评价管理系统，以原始数据管理为基础，围绕项目后评价业务应用构建数据集成管理、项目数据查询、指标计算管理、项目评估分析、投资分析预测五大模块，建立项目后评价系统，支撑电网投资决策。

（2）通过后评价发现普遍存在投资结余率较大的共性问题，以后评价工作为抓手，坚持问题导向，对造成投资结余率偏高的原因开展专项分析，在投资管理方面进一步加强专业管理，通过提升可研设计深度，校准设备费用、拆迁赔偿费、取消部分无效费用的列支等方法，有效降低项目的投资结余率。同时进一步加强概算编制精度，做好全过程造价控制，注意收集、累计、归纳和分析历年已完工程技经指标，总结适用于本地区的控制造价指标，为审核初设概算提供参考借鉴，从而实现精准投资管理。针对后评价发现的设备利用效率低的问题，剔除客观原因影响，通过针对投资决策部门的考核方式促进前期决策水平提升。

第二节　其他行业投资项目后评价现状

以央企为代表企业在国资委的统一组织领导下，根据其行业特点，在组织形式、制度办法、评价形式和评价维度、评价方法、成果应用等方面积极探索形成了具有企业鲜明特色的后评价体系。本节主要节选油气、交通、通信和建材行业，围绕典型央企后评价工作特色经验，梳理总结各企业在本行业探索的后评价工作经验。

1. 油气行业

油气行业央企在后评价制度制定、后评价形式展现、评价时点和方法选取、成果应用上，系统构建了特色后评价工作体系。

（1）在制度上，建立了统一规范、科学分类、运行高效的制度体系，包括投资项目后评价管理办法、后评价报告编制指南，制度体系明确了后评价分类、后评价时点、评价内容和方法、评价指标和方式、实施程序及成果应用等内容。

（2）在评价形式和维度上，区分项目后评价深度和广度，将项目后评价细分为简化后评价和详细后评价，其中简化后评价要求"应评尽评"全覆盖，由"自评＋简评"组成，重点对项目实施过程、投资绩效和经验教训进行总结提炼；详细后评价针对典型项目开展，对项目目标、过程管理、生产运营、投资效益和可持续性等综合分析评价，包含单个项目的详细后评价和同类多个项目的专项评价。

（3）在评价时点上，按照后评价发起时点和阶段不同，新增项目中间评价和跟踪后评价。中间评价适用于规模较大、情况较复杂、施工期较长，以及外部环境发生重大变化的项目，主要评价项目目标和效益指标；跟踪后评价适用于已完成后评价项目，主要跟踪最新的效益效果，评估经营风险。

（4）在评价方法上，区分项目后评价指标和权重，基于不同业务类型科学设定相应的后评价指标体系。

（5）在成果应用上，将后评价工作质效逐步应用到各单位投资绩效考核、新上项目投资决策、投资计划安排等环节，实施后评价项目"回头看"，总结推广有益经验，督促整改突出问题，风险警示重大共性、倾向性问题。

2. 交通行业

交通行业央企在后评价工作组织体系建立、后评价制度和机制构建、评价时点选取和成果应用上进行了有益探索，并扎实推进后评价工作。

（1）在组织体系上，由审计部负责投资项目后评价具体工作的组织体系，组建由公司总部业务部门组成的集团层面的专家队伍，建立由具有工程咨询资质的所属企业组成的专业相对完备的评价团队。

（2）在制度上，针对不同类别投资项目分别制定下发作业指导书、后评价方案模板和报告模板，并根据投资业务发展变化，不断完善核心评价指标体系。

（3）在评价机制上，集团公司每年遴选部分二级单位出具的评价报告，组织专家进行复评，使评价工作更加科学、客观、公正。

（4）在评价时点上，新增中间评价即竣工预评价环节，提高评价的及时性。

（5）在成果应用上，将投资评价结果纳入所属企业考核指标，作为其绩效考核、评优选先、参与重大项目的重要参考。同时根据后评价报告先后修订投资管理制度。

3．通信行业

通信行业央企重点从组织形式、评价形式、评价方法和成果应用等方面细化推进后评价工作落地，以持续提升投资闭环管理水平。

（1）在组织形式上，采用集团总部和所属各单位两级管理方式，采用"初评""终评"的两级评优形式，连续多年开展投资后评价评优，充分甄选各单位优秀的后评价成果。

（2）在评价形式和维度上，包括总体后评价、项目后评价和专题后评价，其中专题后评价注重挖掘新技术、新业务、新领域投入存在的业务发展、投资效益、建设模式等诸多不确定因素，及时总结经验，优化建设模式，规避后续投资风险。

（3）在评价方式方法上，针对主要投资项目类型梳理项目评价指标体系，聚焦目标、效益、效率三个维度。

（4）在成果应用上，组织开展后评价优秀成果经验推广，通过提炼往期项目投资后评价的关键指标，指导新一期项目决策立项。

4．建材行业

建材行业央企通过重点项目后评价和年度综合后评价，做到投资项目评价点面结合、动静结合，全周期全覆盖。

（1）在组织形式上，明确集团审计部为后评价归口管理部门，建立人才库和内部审计及投资后评价中介机构库。

（2）在评价形式和维度上，以实现投前投中投后闭环管理和投资项目后评价全覆盖为目标，"点面结合"开展重点项目后评价和年度综合后评价。

（3）在评价方式方法上，细分投资行为，针对不同投资行为实施差异化评估。

（4）在成果应用上，总结后评价工作经验，梳理投资管理薄弱环节，及时反馈后评价成果，责成项目单位立行立改反馈问题，并将整改结果及时上报反馈，切实推动投资闭环管理落实落地。

第三节　电网与其他行业后评价比较借鉴

基于对各行业后评价现状的梳理，电网与其他行业在后评价组织形式、制度、评价形式、评价时点、评价方法和成果应用等方面存在异同，其他行业在评价形式、时点和方法等方面探索的相关特色经验可供电网基建项目后评价工作借鉴。

（1）在组织形式上，均形成统一计划、分级管理模式，由本部统一下达计划，子公司组织开展，项目单位配合提资；本部负责重大工程项目后评价。在后续成果评优上，采用"初评""终评"的两级评优形式，开展后评价评优，充分甄选各单位优秀的后评价成果。区别在于，在后评价归口管理部门和承担机构上，电网企业归口管理部门为规划计划口，以系统外咨询机构承担后评价为主，其他行业存在投资项目后评价归口管理部门为审计部门，实行投评分离，以审计部门为归口的同时建立内部各专业为主的后评价专家库，并且自行组织抽调集团内部相关专家、相关专业人员或下属具有咨询资质的二级单位开展后评价，也聘请外部咨询机构开展；对于下属二级单位出具的同级单位项目后评价报告，采用专家复评方式，避免"同级评价"缺陷。

（2）在制度上，均在国资委后评价管理办法的基础上，结合行业特点和企业自身实际，并根据外部形势变化和后评价探索实践，不断修订完善后评价管理办法和投资管理办法。电网公司制定了不同电压等级的电网项目后评价内容深度规定，其他行业针对不同类别投资项目分别制定下发了作业指导书、后评价方案模板和报告模板，部分企标则对后评价大纲模板、指标体系、评分规则、会议通知模板、收资清单模板等均进行了统一规范；部分企标则基于详细调研制定，企标中各项评价内容操作的难易程度、获取资料信息的完善程度、评价结果的真实性有效性等客观因素均进行了衡量，评价效果与操作难度之间得到较优平衡。

（3）在评价形式和维度上，均主要以固定资产投资项目为主要评价对象，评价形式包含单个项目后评价、项目群评价、区域评价。部分网公司主要以单个项目为评价对象，并且开展网省两级年度后评价报告的汇总，也聚焦效率效益，推出年度后评价工作简报；部分承担电网基建项目后评价的咨询机构也在单个项目后评价基础上，结合项目特色，开展专题评价；而诸如 110 千伏及以下配网项目群后评价或 35 千伏及以上输变电工程项目群后评价则选取试点区域开展，并未大面积铺开。其他行业也开展详细评价和简化评价，对同类的多个项目进行项目群专项评价，如根据投资项目的类型、规模、重要性将项目划分为三层，有针对性地由深至浅、由繁至简编制后评价报告、后评价书、后评价表；分别聚焦全局、项目、新兴业务领域，开展总体、项目、专题后评价，从而形成投资决策支撑合力；"点面结合"开展重点项目后评价和年度综合后评价，重点项目后评价聚焦重大和典型项目，年度综合后评价聚焦投资类型、业务板块，实现对全部投资项目"静态+动态、结果+过程"全生命周期的跟踪评价。可以说，在其他行业后评价形式上，进一步对后评价进行了划分，区分详细后评价和简化后评价，同时点面结合，单个和项目群评价并重。

（4）在评价时点上，电网企业主要以项目投产后评价为主，对历史开展后评价项目进行回头看，建立跟踪机制；部分省级电网公司还开展中间评价。其他行业则进一步扩展了评价时点，如不局限于项目投产后评价，进一步将后评价前移，对每年所有在实施投资项目开展过程评估，对建设期完成并进入运营期（销售或投产）的项目开展中间评价，对综合性项目部分投资完成或采购（销售/运营）期结束的子项目开展专项评价，对已运营（销售或投产）在 5 年以上的项目开展投后评价，对合作期满或者完全退出的项目开展全生命周期评价。

（5）在评价方式方法上，各行业央企通过建指标和评分规则，对投资项目进行综合评价。电网企业在后评价管理办法中并未建立或无统一的指标和评分规则，部分承担后评价的咨询机构在后评价时，结合自身实际，构建指标体系和评分规则，但由于指标为各咨询机构构建，无法横向统一比较。其他行业在企标中构建了统一评价体系，如编制项目综合评分表；将后评价指标形成"一页纸"评价体系，嵌入信息化系统。

（6）在成果应用上，电网企业主要是系统归集各省级项目后评价发现的成功经验和共性问题，形成年度综合评价报告，供决策参考。其他行业侧重通过成果反馈、优秀成果推广、考核监督等建立成果应用机制：一是后评价问题和建议反馈给项目单位，提炼往期项目投资后评价的关键指标，指导新一期项目决策立项；二是适时选取所属单位权限的后评价项目进行抽查，对典型经验积极推广，对存在突出问题的项目或单位督促整改落实，对发现的违规投资经营问题开展责任追究；三是将年度后评价质效与投资绩效考核、投资计划安排、评优选先、参与重大项目挂钩或参考。

综上，基于各行业央企后评价现状比较，其他行业在评价形式和维度、评价时点、评价方式方法等方面的相关做法，可供电网企业后评价工作参考借鉴。

一是区分详细后评价和简化后评价，重点项目按详细后评价开展，一般项目按简化后评价开展，形成后评价报告、后评价表等。

二是"点面结合"开展后评价，聚焦全局、项目、特定领域，开展总体、项目、专题后评价，从而形成投资决策支撑合力。

三是逐步增加中间评价和全生命周期评价，有条件下对重大重点项目实施过程开展过程评估，对实施周期长、投资大、建设环境复杂等的综合性项目其部分投资完成的子项目开展专项评价，对完全退出的项目开展全生命周期评价，收集积累运行效益数据。

四是建立后评价指标体系和评分规则，便于横向和纵向比较。

基于此，本书开展电网基建项目全景后评价，重点"点面结合"开展总体、项目、专题评价，建立后评价指标体系和评分规则。

第三章 电网投资项目后评价效率效益评价要素梳理

第一节 后评价基本内容规定

一、政府层面

国资委《中央企业固定资产投资项目后评价工作指南》（国资发规划〔2005〕92 号）和国家发展改革委《关于印发中央政府投资项目后评价管理办法和中央政府投资项目后评价报告编制大纲（试行）的通知》（发改投资〔2014〕2129 号）均对投资项目后评价内容作了相关规定，其中《中央政府投资项目后评价报告编制大纲（试行）》在国资发规划〔2005〕92 号文对后评价大纲规定的基础上，进行了相应地细化。《关于印发〈国家发展改革委重大项目后评价管理办法〉的通知》（发改评督规〔2024〕1103 号）则对重大项目后评价内容进行了规定。

按照规定，后评价内容包含项目概况、项目实施过程总结与评价，以及项目效果和效益、环境和社会效益、目标和可持续性评价。

1. 项目概况

国资发规划〔2005〕92 号文大纲要求描述项目实施进度，发改投资〔2014〕2129 号文大纲要求描述自我总结评价情况及结论和后评价依据。发改评督规〔2024〕1103 号文要求描述项目基本情况、自我总结评价报告主要结论、项目后评价开展情况及主要结论。

2. 项目实施过程总结与评价

国资发规划〔2005〕92 号文和发改投资〔2014〕2129 号文大纲总体要求一致。细节部分，发改投资〔2014〕2129 号文具体到评价颗粒度，增加了产品营销及占有市场情况，生产项目总平面布置、流程及主要生产设施是否存在问题，项目配套工程及辅助设施建设是否必要和适宜等评价内容，另外还需对项目运营达到预期目标可能性进行分析。

3. 项目效果和效益、环境和社会效益、目标和可持续性评价

国资发规划〔2005〕92 号文和发改投资〔2014〕2129 号文大纲总体要求一致。细节部分，发改投资〔2014〕2129 号文具体到评价颗粒度，增加了国民经济评价、项目单位财务状况分析与评价、社会稳定风险分析等内容。项目概况，项目实施过程，项目效果效益、目标和可持续性评价对比分别见表 3-1～表 3-3。

表 3-1 　　　　　　　　　项 目 概 况 对 比 表

《中央企业固定资产投资项目后评价工作指南》（国资发规划〔2005〕92 号）	《关于印发中央政府投资项目后评价管理办法和中央政府投资项目后评价报告编制大纲（试行）的通知》（发改投资〔2014〕2129 号）	《关于印发〈国家发展改革委重大项目后评价管理办法〉的通知》（发改评督规〔2024〕1103 号）
项目情况简述	项目基本情况	项目基本情况
项目决策要点	项目决策理由与目标	
项目主要建设内容	项目建设内容及规模	
项目实施进度		
项目总投资	项目投资情况	
项目资金来源及到位情况	项目资金到位情况	
项目运行及效益现状	项目运营（行）及效益现状	
	项目自我总结评价报告情况及主要结论	自我总结评价报告主要结论
	项目后评价依据	
		项目评价开展情况及主要结论

表 3-2 　　　　　　　　　项 目 实 施 过 程 对 比 表

《中央企业固定资产投资项目后评价工作指南》（国资发规划〔2005〕92 号）	《关于印发中央政府投资项目后评价管理办法和中央政府投资项目后评价报告编制大纲（试行）的通知》（发改投资〔2014〕2129 号）	《关于印发〈国家发展改革委重大项目后评价管理办法〉的通知》（发改评督规〔2024〕1103 号）
项目前期决策总结与评价	项目前期决策总结与评价	项目前期决策总结与评价
项目实施准备工作与评价	项目建设准备、实施总结与评价	项目建设准备和实施总结与评价
项目建设实施总结与评价		
项目运营情况与评价	项目运营（行）总结与评价	项目运行总结与评价

表 3–3 项目效果效益、目标和可持续性评价对比表

《中央企业固定资产投资项目后评价工作指南》（国资发规划〔2005〕92 号）	《关于印发中央政府投资项目后评价管理办法和中央政府投资项目后评价报告编制大纲（试行）的通知》（发改投资〔2014〕2129 号）	《关于印发〈国家发展改革委重大项目后评价管理办法〉的通知》（发改评督规〔2024〕1103 号）
项目技术水平评价	项目技术水平评价	技术效果评价
项目财务经济效益评价	项目财务经济效益评价	财务及经济效益评价
项目经营管理情况评价	项目经营管理评价	
项目环境效益评价	项目资源环境效益评价	生态环境损益及环保措施实施效果、资源和能源节约利用与保护效果评价
项目的社会效益评价	项目社会效益评价	社会效益评价
项目目标评价	项目目标评价	项目目标评价
项目可持续性评价	项目可持续性评价	项目可持续性评价

二、行业层面

《输变电工程项目后评价导则》（DL/T 5523—2017）在国资发规划〔2005〕92 号文和发改投资〔2014〕2129 号文基础上，针对输变电工程特点，规定了包含项目概况、项目实施过程评价（项目前期决策评价、项目建设准备工作评价、项目建设实施评价）、项目运营情况评价（项目目标评价、技术水平评价、生产运行评价、运营管理水平评价、项目效能实现状况评价）、项目财务效益评价、项目环境和社会效益评价（项目环境影响评价、项目社会效益评价）、项目可持续性评价（项目延续性评价、项目可重复性评价）等在内的评价内容，可以说基本延续了国资发规划〔2005〕92 号文和发改投资〔2014〕2129 号文的评价内容顺序。相对于国资发规划〔2005〕92 号文和发改投资〔2014〕2129 号文，DL/T 5523—2017 将项目目标评价设置于项目运营情况评价，仅评价项目功能目标是否实现，对于技术目标、效益目标（财务经济）、影响目标（社会环境和宏观目标）并未作要求，对于国民经济评价也未作要求，但在《输变电经济评价导则》（DL/T 5438—2019）中对于国民经济评价作了相关具体要求和规定。

三、企业层面

目前电网基建项目后评价编制大纲整体框架基本与国家、行业层面规定内容一致，均包含项目概况、项目过程评价、项目运行效果和效益评价、社会环境效

益评价、可持续性评价等。区别在于，基于决策者的关注点，企业层面后评价将部分内容顺序和重要性进行了调整，如项目管理评价调整至过程评价的第一节，国家和行业层面均为该章最后一节；将截至评价时点的运营期财务效益评价调整至运行效果和效益章节，而全寿命周期财务效益评价调整至项目可持续性评价；效果和效益评价中增加了工程区域供电能力影响评价和工程区域网络结构影响评价，分析工程投产对系统的适应性；将项目成功度评价从结论建议中单独抽取设置成一章，凸显项目的综合性评价结论。

四、基本内容规定

基于各层面后评价基本内容规定的分析，后评价内容均包含项目概况、项目实施过程评价、项目运营情况评价、项目财务效益评价、项目环境和社会效益评价、项目目标和可持续性评价、项目成功度评价等，区别在于各大评价内容下颗粒度的多寡和评价内容的组合优化或者评价有所侧重，国资委相关文件除上述内容外，较关注项目战略价值、风险管控等内容。此外，随着后评价工作的开展，企业后评价编制大纲也持续修编完善，如将项目管理评价调整至过程评价的第一节，将截至评价时点的运营期财务效益评价调整至运行效果和效益章节，而全寿命周期财务效益评价调整至项目可持续性评价；效果和效益评价中增加了工程区域供电能力影响评价和工程区域网络结构影响评价，项目成功度评价单独设置成一章。从新增和调整内容看，更强调工程的综合性评价，包含新增的系统效益、国民经济效益和单独成一章的项目成功度评价。

第二节 效率效益评价要素

一、政府层面效率效益评价要素

政府层面主要是在技术、财务和经济、环境和社会影响、管理效能层面分别建立了相应评价指标，其中量化的效率效益评价指标更多集中在技术、财务和经济及管理效能层面，见表3-4，涉及运行效率、建设效率、财务和经济效益、社会和环境效益、运营效率等。部分指标按照组合方式，可形成效率指标，如实际产出能力/设计能力、实际达到指标/标称性能指标、（完工日期—开工日期）/计划工期等指标组合形成运行和建设效率指标；效益指标主要为财务和经济指标，其他诸如环境和社会影响评价并未形成具体的效益评价指标，现有指标较宽泛，如环境影响货币化、生态环境损益等。

表 3-4　　　　　　　　　　　政府层面效率效益评价指标

层面	评价指标	备注
技术	产出规模（设计能力、实际产出能力）	运行效率
	主要设备（标称性能指标、实际达到指标）	
	节能（设计能耗指标、实际耗能指标）	
	工期（开工日期、完工日期、计划工期）	建设效率
财务和经济	运营期财务指标（单位产出成本与价格、年均收入、年均利润、年均税金、借款偿还期、利息备付率、偿债备付率、资产负债率）	财务和经济效益
	折现财务盈利指标（财务内部收益率、净现值、财务折现率）	
	非折现财务盈利指标（投资回收期、总投资报酬率、权益资金净利润率）	
	经济盈利能力指标（内部收益率、经济折现率）	
环境和社会影响	环境影响货币化、生态环境损益、资源和能源节约利用与保护效果、社会效益等	社会效益、环境效益
管理效能	单位效果（效能）的费用	运营效率
	单位费用的效果（效能）	

二、行业层面效率效益评价要素

行业层面在生产技术、财务和经济层面分别建立了评价指标，均主要为效率效益指标，见表 3-5，主要层级与国家层面评价指标类似，缺少管理效能评价层级。生产技术指标主要包括容载比、线损率、最大负载率；财务指标包含单位电量成本、全投资财务内部收益率、全投资财务净现值、全投资回收期、资本金财务内部收益率、投资各方财务内部收益率、项目资本金净利润率、偿债备付率、利息备付率；经济指标包含经济增加值（EVA）、经济净现值、经济内部收益率、经济效益费用比等指标。其他诸如环境和社会效益评价以定性分析为主，并未建立相应指标。

表 3-5　　　　　　　　　　　行业层面效率效益评价指标

层面	评价指标	备注
生产技术	容载比、线损率、最大负载率	运行效率
财务	单位电量成本、全投资财务内部收益率、全投资财务净现值、全投资回收期、资本金财务内部收益率、投资各方财务内部收益率、项目资本金净利润率、偿债备付率、利息备付率	财务效益
经济	经济增加值（EVA）、经济净现值、经济内部收益率、经济效益费用比	经济效益

三、企业层面效率效益评价要素

企业层面后评价指标主要集中在过程评价、运行效果效益评价和可持续性评价，其中效率效益评价指标主要集中在过程评价的建设实施阶段评价、运行效果效益评价（运行效果、环境和社会影响评价）和可持续性评价，建设实施阶段评价主要涉及效率评价指标，如建设效率、资金利用效率、资产形成效率；运行效果效益评价主要涉及运行效率、环境和社会效益评价指标；可持续性评价主要涉及财务和经济效益评价指标。电网基建项目效率效益主要评价指标见表3－6，主要层级与国家、行业层面评价指标类似，缺少管理效能评价层级。

表3－6　　　　　　　　　　电网基建项目效率效益主要评价指标

层面	评价指标	备注
建设实施	进度偏差、投资结余率、工程转资率、结算及时性、决算及时性	建设效率、资金利用效率、资产形成效率
运行效果	容载比、线损率、最大/平均负载率、$N-1$通过率提升度、$N-2$通过率提升度、最大负荷时刻功率因数	运行效率
环境和社会影响	标准煤减少燃烧量、二氧化碳减排量、氮氧化物减排量、烟尘（吨）减排量、电量支撑GDP、投资拉动就业人数、电量拉动就业人数、电量支撑居民收入	环境和社会效益
可持续性	全投资财务内部收益率、全投资财务净现值、全投资回收期、资本金财务内部收益率、项目资本金净利润率、偿债备付率、利息备付率、经济净现值、经济内部收益率、经济效益费用比	财务和经济效益

注　企业后评价管理办法将财务和经济效益评价调整至可持续性评价，突出项目财务经济效益对项目可持续性的影响。

四、电网基建项目效率效益基本评价要素

基于国家、地方政府、行业和企业层面的梳理分析，现有效率效益评价要素集中在建设实施、生产技术、财务经济评价、目标和可持续性章节，多以建设效率、资金利用效率、资产形成效率、运行效率、环境和社会效益、财务和经济效益评价指标体现，部分并未形成评价指标，仅以评价内容作要求，其中以指标形式展示效率效益的评价要素见表3－7。因此，在后续构建效率效益评价指标时应涵盖现有各层级规定的基本面，在此基础上进行相应扩展。同时，部分指标如社会效益评价指标因其涉及宏观效益，部分现有指标如电量支撑GDP、投资拉动就业人数、电量拉动就业人数、电量支撑居民收入等较难科学量化，且基础数据如涉及区县等以下区域较难获取，后续可设替代性指标，从电网本身投资建设带来

的对基础设施水平提升、社会稳定性提升等方面设置社会效益指标。

表 3−7　　　　　　各层面以指标形式展现效率效益的评价要素

维度	层级	建设实施	生产技术	财务经济	环境社会影响	管理效能	目标评价	可持续性
战略价值	政府						✓	
	行业							
	企业							
建设效率	政府		✓					
	行业							
	企业	✓						
资金利用效率	政府							
	行业							
	企业	✓						
资产形成效率	政府							
	行业							
	企业	✓						
运行效率	政府		✓					
	行业		✓					
	企业		✓				✓	
运营效率	政府					✓		
	行业							
	企业							
环境和社会效益	政府				✓			
	行业							
	企业				✓			
财务和经济效益	政府			✓				
	行业			✓				
	企业							✓
风险管控	政府	✓		✓	✓			✓
	行业							
	企业							
投资影响	政府			✓	✓			✓
	行业							
	企业							

注　✓表示各评价维度体现于各层级相应的后评价章节。

第四章 以效率效益为中心的电网项目后评价体系研究

第一节 电网项目投资价值评价指标和数据集构建

一、指标构建原则

指标构建整体遵循完备性、客观性、可操作性、科学性、可比性、灵活性原则。

1. 整体完备性原则

本次构建评价指标应作为一个有机整体，能从不同侧面反映电网基建项目效率效益水平。同时能够有的放矢，抓重点、聚焦点，抓取各层级关键指标。

2. 客观性原则

本次构建评价指标应是评价结果客观准确的根本保证，在保证评价指标体系客观公正的同时，应保证指标基础数据来源的可靠性、准确性，确保评估方法的科学性。

3. 可操作性原则

本次构建评价指标是为评价而服务的，因此每个指标都应该具有可操作性，应该简明、易于操作、具有实际应用功能。同时指标基础数据应易于获取，尽量避免构建繁琐性指标。

4. 科学性原则

本次构建评价指标应遵循科学性，即指标的选择与指标权重的确定、数据的选取、计算与合成必须以公认的科学理论（统计理论、系统理论、管理与决策科学理论等）为依据。

5. 可比性原则

本次构建评价指标要保证同趋势化，使评价指标在横向及纵向上具有可比性，也可通过指标的标准化解决。同时，可比性要求具有可测性，便于比较。

6. 灵活性原则

本次构建评价指标的结构应具有可修改性和可扩展性，针对电网基建项目投资价值评价的要求，对评价指标体系中的指标进行修改、添加和删除，依据不同的情况将评价指标进一步具体化，以适应各种具体的评价要求。

二、500 千伏电网基建项目投资价值评价指标和数据集

500 千伏电网基建项目投资价值评价指标包含两个层级，一是整体层级，即当年度所有项目投产对 500 千伏电网和企业的效率效益影响；二是当年度投产的单个项目在投产后一段时间内的效率效益。评价层级包含对整体层级的评价和各个单项项目层级独立评价、不同类型项目横向比较评价。当前电网项目评价指标包含诊断分析指标、后评价指标等，基于指标构建原则和指标构建发散、收敛以及试验修订三个阶段，在选取现有评价指标基础上，通过组合优化，形成整体层级、不同类型项目评价指标。

1. 整体层级评价指标

基于效率效益评价要素，主要包含建设期间的建设效率和投产后的运营效率效益等。考虑建设效率评价层级在整体层级主要是通过归集所有单个项目并进行横向比较，可在后续单个项目层级之间横向比较时进行整体评价，整体层级主要评价投产后的运营效率效益。同时在评价维度上主要考虑：

一是评价时间维度上：评价建设期和运营期，建设期统一设定为投产年，运营期为项目投产年至评价时点，如某项目 2020 年投产，则建设期评价指标统一设定至 2020 年，如带动社会投资，将投资全部设为发生在 2020 年；对于如选取 2020～2022 年投产项目，则为保证 2022 年投产项目运营期为 1 年以上，评价时点至少应为 2023 年末。

二是评价指标维度上：主要考虑投资效率效益，从运行效率、系统效益、安全效益、经济效益、环境效益和社会效益层级评价，且评价指标主要考虑指标的改善程度。运行效率主要考虑全网主变压器、线路等效利用率；系统效益考虑工程投产对源网荷的影响；安全效益考虑工程投产减停损失效益；经济效益考虑工程投产对企业效益的影响；环境效益考虑工程节能减排和输送清洁能源减碳带来

的环境效益；社会效益主要从电网运行效果带来的社会效益及创造的社会价值如带动投资方面进行评价。

整体层级评价指标具体见表4-1。

表4-1 500千伏电网基建项目投资价值评价指标

评价层级		指标计算公式
运行效率	全网500千伏线路最大负载率	全网500千伏线路最大负载率=∑500千伏线路最大有功功率/∑经济输送功率
	全网500千伏线路等效负载率	全网500千伏线路等效负载率=∑500千伏线路平均有功功率/∑经济输送功率
	全网500千伏主变压器最大负载率	全网500千伏主变压器最大负载率=∑500千伏主变压器最大有功功率/∑主变压器额定容量
	全网500千伏主变压器等效负载率	全网500千伏主变压器等效负载率=∑500千伏主变压器平均有功功率/∑主变压器额定容量
系统效益	促进网荷协调	主变压器重过载比例降低率	主变压器重过载比例降低率=本年度主变压器重过载比例-上年度主变压器重过载比例，其中主变压器重过载比例=重过载主变压器台数/在运主变压器台数×100%
		线路重过载比例降低率	线路重过载比例降低率=本年度线路重过载比例-上年度线路重过载比例，其中线路重过载比例=重过载线路条数/在运线路条数×100%
		主变压器轻载比例降低率	主变压器轻载比例降低率=本年度主变压器轻载比例-上年度主变压器轻载比例，其中主变压器轻载比例=轻载主变压器台数/在运主变压器台数×100%
		线路轻载比例降低率	线路轻载比例降低率=本年度线路轻载比例-上年度线路轻载比例，其中线路轻载比例=轻载线路条数/在运线路条数×100%
	促进网源协调	单位变电容量支撑等效装机	单位变电容量支撑等效装机=等效电源装机/变电容量之和 其中：变电容量之和=∑500千伏公用变电容量 等效电源装机=直接接入该电压等级电厂装机容量+低电压等级水电、风电等汇集容量±交直流跨区跨省输入（输出）电力。（注：输入为正，输出为负）
		单位线路长度支撑等效装机	单位线路长度支撑等效装机=等效电源装机/线路长度之和 其中：线路长度之和=∑500千伏线路长度 等效电源装机=直接接入该电压等级电厂装机容量+低电压等级水电、风电等汇集容量±交直流跨区跨省输入（输出）电力（注：输入为正，输出为负）
	促进网间协调	500/220千伏层间变电容量比	500/220千伏层间变电容量比=500千伏在运主变压器容量/220千伏在运主变压器容量
		改善网架结构贡献绩效	改善，1；未改善，0；恶化，-1
安全效益	减停损失效益	减停损失效益=500千伏本年度网供负荷×最大负荷利用小时数×（行业主变压器或线路非计划停运时间-500千伏新增项目主变压器或线路非计划停运时间）/8760×单位电量GDP
经济效益	500千伏单位投资增供电量	500千伏单位投资增供电量=相邻年度500千伏增供电量/500千伏电网投资

续表

评价层级			指标计算公式
社会效益	基础设施水平提升	500 千伏公用变电容量增长率	500 千伏公用变电容量增长率＝（本年度 500 千伏公用变电容量－上年度 500 千伏公用变电容量）/上年度 500 千伏公用变电容量
		500 千伏公用线路长度增长率	500 千伏公用线路长度增长率＝（本年度 500 千伏公用线路长度－上年度 500 千伏公用线路长度）/上年度 500 千伏公用线路长度
	社会稳定性提升	$N-1$ 通过率提升度	$N-1$ 通过率提升度＝相邻年度前后 $N-1$ 通过率提升率
		同塔双回 $N-2$ 通过率提升度	同塔双回 $N-2$ 通过率提升度＝相邻年度前后同塔双回 $N-2$ 通过率提升率
		安全隐患降低数	安全隐患降低数＝本年度安全隐患数－上年度安全隐患数，其中安全隐患＝电网在 $N-2$、$N-1$ 等特殊故障方式下可能发生《电力安全事故应急处置和调查处理条例（国务院令第 599 号）》规定的特别重大事故、重大事故、较大事故、一般事故隐患的数量
		500 千伏短路电流降低率	超（临）限母线节点数量降低率＝［本年度超（临）限母线节点数量－上年度超（临）限母线节点数量］/上年度超（临）限母线节点数量，其中超（临）限母线节点数量＝变电站母线短路电流超过开关遮断容量 80% 的母线数量及比例
		500 千伏按暂稳控制线路占比降低率	按暂稳控制线路占比降低率＝本年度按暂稳控制线路占比－上年度按暂稳控制线路占比，其中按暂稳控制线路占比＝按暂稳极限控制的线路回数（回）/总线路回数（回）
		500 千伏平均单回线路长度降低率	500 千伏平均单回线路长度降低率＝（本年度 500 千伏平均单回线路长度－上年度 500 千伏平均单回线路长度）/上年度 500 千伏平均单回线路长度
		母线电压合格率	母线电压合格率＝（1－电压越限累计时间/项目总运行统计时间）×100%
	用能成本降低	降损效益	降损效益＝（合理线损电量上限－本年度线损电量）×平均购电价
	创造社会价值	带动社会投资	带动社会投资＝年度 500 千伏电网投资×电网投资综合效应系数
环境效益		节能减碳成本	节能减碳成本＝碳市场综合价格×降损电量×省级电网碳排放因子
		减排降碳成本	减排降碳成本＝碳市场综合价格×新能源上网电量×单位火电二氧化碳排放量

注 电网投资综合效应系数按投入产出表计算。

由表 4－1 可以看出：

（1）运行效率方面。主要为主变压器和线路的利用效率，包含全网 500 千伏主变压器、线路最大负载率、等效负载率。

（2）系统效益方面。包含促进网荷协调、源网协调、网间协调。① 促进网荷协调，考虑工程投产后对设备利用率等的影响，设计包含主变压器重过载、轻载比例降低率，线路重过载、轻载比例降低率等指标；② 促进源网协调，考虑工程投产后对源网之间、网架加强支撑电源送出等的影响，设计包含单位变电容量支撑等效装机、单位线路长度支撑等效装机等指标；③ 促进网间协调，考虑工程投产后本级电网与下一电压等级电网的互供能力，主要设计 500/220 千伏层间变电容量比、改善网架结构贡献绩效等指标。

（3）安全效益方面。侧重从减少停电损失、提高供电可靠性等方面考虑设计指标，主要为减停损失效益，考虑非计划停电状态下年度减停损失效益相对于行业水平的提升情况。

（4）社会效益方面。主要考虑电网投资效果指标，反映电网投资后基础设施水平、社会稳定性提升、用能成本降低和创造社会价值等。

1）基础设施水平提升。设计公用变电容量、公用线路长度增长率等指标，反映电网投资带来的对当地电网基础设施水平的影响。

2）社会稳定性提升。主要考虑电网投资带来的对网架结构加强、供电可靠性、供电质量的影响，从而对社会稳定性的影响，改善网架结构选取典型的 $N-1$ 通过率、同塔双回 $N-2$ 通过率指标，主要考虑指标提升度；提高供电安全可靠性，主要选取安全隐患、短路电流、按暂稳控制线路占比、供电半径指标，主要考虑指标改善程度，设计安全隐患降低数、超（临）限母线节点数量降低率、按暂稳控制线路占比降低率；提升服务质量方面，设计表征供电质量方面指标，包含 500 千伏平均单回线路长度降低率、母线电压合格率等指标。

3）用能成本降低。主要考虑线损降低带来的降损效益。

4）创造社会价值。主要考虑新增投资带动社会投资，涉及电网投资综合效应系数计算按地区投入产出表计算；对于新增投资创造税收、新增投资拉动就业效益、新增投资拉动 GDP 增长贡献率等内容，由于基础数据较难获取或指标计算并无成熟的方法，可在具体评价时定性评价，不再单独设计指标。

（5）经济效益方面。考虑单位资产效益，设计 500 千伏单位资产输送电量指标表征。

（6）环境效益方面。主要考虑节能减排效益，基于节能降损和服务新能源送出带来的碳减排，从而产生节能减碳、减排降碳成本。

上述指标主要基于内部诊断分析、填报等方式收集基础数据，具体数据集见表 4-2。

表 4 – 2　　　　　　500 千伏电网基建项目投资价值评价指标数据集

评价层级		指标基础数据	采集渠道
运行效率	全网 500 千伏线路最大负载率	全网 500 千伏线路最大有功功率、经济输送功率	诊断分析、网上电网
	全网 500 千伏线路等效负载率	全网 500 千伏线路平均有功功率、经济输送功率	诊断分析、网上电网
	全网 500 千伏主变压器最大负载率	全网 500 千伏主变压器最大有功功率、主变压器额定容量	诊断分析、网上电网
	全网 500 千伏主变压器等效负载率	全网 500 千伏主变压器平均有功功率、主变压器额定容量	诊断分析、网上电网
系统效益	促进网荷协调	主变压器重过载比例降低率	重过载主变压器台数、在运主变压器台数	诊断分析、网上电网
	线路重过载比例降低率	重过载线路条数、在运线路条数	诊断分析、网上电网
	主变压器轻载比例降低率	轻载主变压器台数、在运主变压器台数	诊断分析、网上电网
	线路轻载比例降低率	轻载线路条数、在运线路条数	诊断分析、网上电网
	促进网源协调	单位变电容量支撑等效装机	500（750）千伏公用变电容量，直接接入该电压等级电厂装机容量，低电压等级水电、风电等汇集容量，交直流跨区跨省输入（输出）电力	诊断分析
	单位线路长度支撑等效装机	500（750）千伏线路长度，直接接入该电压等级电厂装机容量，低电压等级水电、风电等汇集容量，交直流跨区跨省输入（输出）电力	诊断分析
	促进网间协调	500/220 千伏层间变电容量比	500 千伏在运主变压器容量、220 千伏在运主变压器容量	诊断分析
	改善网架结构贡献绩效	改善，1；未改善，0；恶化，−1	根据实际运行情况分析
安全效益	减停损失效益	500 千伏本年度网供负荷、最大负荷利用小时数、500 千伏新增项目主变压器或线路非计划停运时间、行业主变压器或线路非计划停运时间、全社会用电量、GDP	诊断分析、网上电网、全国电力可靠性年度报告
经济效益	500 千伏单位投资增供电量	500 千伏网供负荷、最大负荷利用小时数、500 千伏电网投资	诊断分析、网上电网
社会效益	基础设施水平提升	500 千伏公用变电容量增长率	年度 500 千伏公用变电容量	诊断分析、网上电网
	500 千伏公用线路长度增长率	年度 500 千伏公用线路长度	诊断分析、网上电网

评价层级			指标基础数据	采集渠道
社会效益	社会稳定性提升	$N-1$ 通过率提升度	相邻年度前后 $N-1$ 通过率	诊断分析
		同塔双回 $N-2$ 通过率提升度	相邻年度前后同塔双回 $N-2$ 通过率	诊断分析
		安全隐患降低数	年度安全隐患数，其中安全隐患=电网在 $N-2$、$N-1$ 等特殊故障方式下可能发生《电力安全事故应急处置和调查处理条例（国务院令第 599 号）》规定的特别重大事故、重大事故、较大事故、一般事故隐患的数量	诊断分析
		500 千伏短路电流降低率	变电站母线短路电流超过开关遮断容量 80%的母线数量、比例	诊断分析
		500 千伏按暂稳控制线路占比降低率	按暂稳极限控制的线路回数、总线路回数	诊断分析
		500 千伏平均单回线路长度降低率	年度 500 千伏平均单回线路长度	诊断分析、网上电网
		母线电压合格率	电压越限累计时间、项目总运行统计时间	调度自动化系统
	用能成本降低	降损效益	年度线损电量、合理线损电量上限、平均购电价	网上电网、诊断分析
	创造社会价值	带动社会投资	年度 500 千伏电网投资×电网投资综合效应系数	网上电网、投入产出表
环境效益		节能减碳成本	碳市场综合价格、降损电量、区域电网年平均供电排放因子	碳排放交易网、诊断分析、《生态环境部、国家统计局关于发布 2021 年电力二氧化碳排放因子的公告》
		减排降碳成本	碳市场综合价格、新能源上网电量、省级电力平均二氧化碳排放因子	碳排放交易网、诊断分析、《中国电力行业年度发展报告》

2. 不同类型项目评价指标

按照不同类型项目功能定位，将项目划分为满足新增负荷需求、加强网架结构、加强输电通道、保障电源送出、服务新能源 5 类项目。同样地，从评价维度上考虑：

一是评价时间维度上：评价建设期和运营期，建设期统一设定为投产年，运营期为项目投产年至评价时点。

二是评价指标维度上：主要考虑投资效率效益，从建设合规性、建设效率、运行效率、系统效益、安全效益、经济效益、环境效益和社会效益层级评价。建设合规性主要考虑核准是否及时；建设效率考虑工程建设进度计划实现情况、资金利用效率和资产利用效率；运行效率考虑设备利用效率和电能利用效率；系统效益考虑可研预期对工程的系统功能定位，评价可研预期目标是否实现；安全效益考虑工程减停损失效益；社会效益主要从电网投资带来的运行效果对社会的影响以及创造社会价值进行评价；经济效益考虑工程运营时期投资利润率，在进行专项分析时可考虑直接效益和间接效益带来的国民经济效益；环境效益考虑工程节能减排和输送清洁能源减碳带来的环境效益。

以满足新增负荷需求类型项目为例，结合项目类型，工程主要为满足新增负荷需求。合理识别该类项目投资价值，从建设合规性、建设效率、运行效率、系统效益、安全效益、经济效益、环境效益、社会效益等方面分别构建评价指标。500 千伏满足新增负荷需求类项目评价指标见表 4－3。

表 4－3 　　　　　　　500 千伏满足新增负荷需求项目评价指标

指标		指标计算公式
建设合规性	核准及时性	核准及时性＝开工前核准、可研批复后核准
建设效率	工程建设效率 进度偏差率	进度偏差率＝（实际工期－计划工期）/365
	资金利用效率 资金结余率	资金结余率＝（实际投资－概算投资）/概算投资×100%
	资产形成效率 转资及时率	转资及时率＝（决算时间－投产时间）/6×100%
	工程转资率	工程转资率＝转资资产/实际投资×100%
运行效率	设备利用效率 主变压器最大负载率	主变压器最大负载率＝主变压器年最大负荷/额定主变压器容量
	主变压器平均负载率	主变压器平均负载率＝主变压器流经电量/（额定主变压器容量×8760）
	线路最大负载率	线路最大负载率＝线路最大有功功率/线路额定容量
	线路平均负载率	线路平均负载率＝线路输送电量/（线路额定容量×8760）
	电能利用效率 最大负荷时刻功率因数	最大负荷时刻功率因数＝最大负荷时刻有功功率/$\sqrt{最大负荷时刻有功功率^2 + 最大负荷时刻无功功率^2}$
系统效益	系统功能实现度 实现系统功能定位目标度	实现系统功能定位目标度＝实现可研预期目标数/可研预期目标数，可研预期目标数根据可研评审意见中工程建设必要性要点统计
安全效益	减停损失效益	减停损失效益＝工程输送电量×（行业主变压器或线路非计划停运时间－主变压器或线路非计划停运时间）/8760×单位电量 GDP

指标			指标计算公式
社会效益	基础设施水平提升	新增输电能力	新增输电能力=线路输送容量
		新增线路长度占比	新增线路长度占比=新增线路长度/年度线路长度×100%
		新增主变压器容量占比	新增主变压器容量占比=新增主变压器容量/年度主变压器容量×100%
	社会稳定性提升	$N-1$ 通过率提升度	$N-1$ 通过率提升度=[(工程投产满足 $N-1$ 通过率元器件数量+上年满足 $N-1$ 通过率元器件数量)/元器件数量-上年 $N-1$ 通过率]/上年 $N-1$ 通过率
		同塔双回 $N-2$ 通过率提升度	同塔双回 $N-2$ 通过率提升度=(本工程投产后满足同塔双回 $N-2$ 通过率元器件数量/元器件数量-上年同塔双回 $N-2$ 通过率)/上年同塔双回 $N-2$ 通过率
		改善网架结构贡献绩效	改善，1；未改善，0；恶化，-1
		500 千伏单回线路平均长度	500 千伏单回线路平均长度=线路长度/线路回路数
		母线电压合格率	母线电压合格率=(1-电压越限累计时间/项目总运行统计时间)×100%
		电网安全事故发生次数	电网安全事故发生次数=统计项目发生电网安全事故次数
	用能成本降低	降损效益	降损效益=(合理线损电量上限-本年度线损电量)×平均购电价
	创造社会价值	带动社会投资	带动社会投资=工程投资×电网投资综合效应系数
经济效益		总投资利润率	总投资利润率=(售电收入-税金及附加-总成本)/总投资×100%
环境效益		节能减碳成本	节能减碳成本=碳市场综合价格×降损电量×省级电网碳排放因子

注 售电收入按项目主变下网电量（适用于输变电工程）或线路输送电量（适用于线路工程）乘以该项目所在电压等级输电价计算。

结合表 4-3 可以看出：

（1）建设合规性方面。考虑核准的及时性，是否在开工前、可研批复后及时取得核准文件。

（2）建设效率方面。从工程建设效率、资金利用效率、工程转资效率方面构建指标，其中工程建设效率主要通过实际工期与计划工期的偏差表征；资金利用效率通过资金结余率表征；工程转资效率通过资产转资及时率、工程转资率指标表征。

（3）运行效率方面。从设备利用效率、电能利用效率等方面构建评价指标，其中设备利用效率选取典型的主变压器和线路最大、平均负载率；电能利用效率选取最大负荷时刻功率因数。

（4）系统效益方面。基于可研对工程系统功能的定位，选取系统功能实现度表征系统效益。基于可研评审意见对工程建设必要性要点描述，逐一对照分析工程可研预期目标实现情况，从而评估得到系统功能目标实现情况。

（5）安全效益方面。侧重从减少停电损失、提高供电可靠性等方面考虑设计指标，主要为减停损失效益，考虑非计划停电状态下年度减停损失效益相对于行业水平的提升情况。

（6）社会效益方面。主要考虑电网投资效果指标，反映电网投资后基础设施水平、社会稳定性提升、用能成本降低和创造社会价值等。

1）基础设施水平提升。设计新增供电能力、新增线路长度占比、新增主变压器容量占比等指标，反映电网投资带来的对当地电网基础设施水平的影响。

2）社会稳定性提升。主要考虑电网投资带来的对网架结构加强、供电可靠性、供电质量的影响，从而对社会稳定性的影响。改善网架结构选取典型的 $N-1$ 通过率、同塔双回 $N-2$ 通过率指标，主要考虑指标提升度，并考虑工程投产后改善网架结构贡献绩效；供电可靠性考虑电网安全事故发生次数，非计划停运指标等在安全效益中考虑，在此不再考虑；提升服务质量方面，设计表征供电质量方面指标，包含 500 千伏平均单回线路长度降低率、母线电压合格率等指标。

3）用能成本降低。主要考虑线损降低带来的降损效益。

4）创造社会价值。主要考虑新增投资带动社会投资，对于新增投资创造税收、新增投资拉动就业效益、新增投资拉动 GDP 增长贡献率等内容，由于基础数据较难获取或指标计算并无成熟的方法，可在具体评价时定性评价，不再单独设计指标。

（7）经济效益方面。考虑工程运营时期投资利润率，在进行专项分析时可考虑全寿命周期投资回报率指标。

（8）环境效益方面。着重从节能降损方面评估碳减排效益。

上述指标主要基于内部诊断分析、填报等方式收集基础数据，具体数据集见表 4-4。

表 4-4 500 千伏满足新增负荷需求电网基建项目投资价值评价指标数据集

指标		指标基础数据	采集渠道
建设合规性	核准及时性	开工日期、核准日期、可研批复日期	财务决算报表、核准文件、可研批复文件
建设效率	工程建设效率 / 进度偏差	实际工期、计划工期	开工、竣工报告，财务决算报表
	资金利用效率 / 资金结余率	实际投资、概算投资	财务决算报表
	资产形成效率 / 转资及时率	决算时间、投产时间	财务决算报表
	资产形成效率 / 工程转资率	转资资产、实际投资	财务决算报表

指标			指标基础数据	采集渠道
运行效率	设备利用效率	主变压器最大负载率	主变压器年最大负荷、额定主变压器容量	网上电网
		主变压器平均负载率	主变压器流经电量、额定主变压器容量	网上电网
		线路最大负载率	线路最大有功功率、线路额定容量	网上电网
		线路平均负载率	线路输送电量、线路额定容量	网上电网
	电能利用效率	最大负荷时刻功率因数	最大负荷时刻有功功率、最大负荷时刻无功功率	网上电网
系统效益	系统功能实现度	实现系统功能定位目标度	实现可研预期目标数、可研预期目标数	可研报告、网上电网
安全效益		减停损失效益	工程输送电量、工程主变压器或线路非计划停运时间、行业主变压器或线路非计划停运时间、全社会用电量、GDP	网上电网、安监报告、全国电力可靠性年度报告、诊断分析
社会效益	基础设施水平提升	新增输电能力	线路输送容量	手动计算
		新增线路长度占比	新增线路长度、年度线路长度	财务决算报表、网上电网
		新增主变压器容量占比	新增主变压器容量、年度主变压器容量	财务决算报表、网上电网
	社会稳定性提升	$N-1$ 通过率提升度	工程投产满足 $N-1$ 通过率元器件数量、上年满足 $N-1$ 通过率元器件数量、元器件数量、上年 $N-1$ 通过率	系统接线图、网上电网
		同塔双回 $N-2$ 通过率提升度	本工程投产后满足同塔双回 $N-2$ 通过率元器件数量、元器件数量、上年同塔双回 $N-2$ 通过率	系统接线图、网上电网
		改善网架结构贡献绩效	改善，1；未改善，0；恶化，-1	可研报告、系统接线图
		500 千伏单回线路平均长度	线路长度、线路回路数	财务决算报表、网上电网
		母线电压合格率	电压越限累计时间、项目总运行统计时间	调度自动化系统
		电网安全事故发生次数	项目发生电网安全事故次数	安监报告
	用能成本降低	降损效益	年度线损电量、合理线损电量上限、平均购电价	网上电网
	创造社会价值	带动社会投资	工程投资、电网投资综合效应系数	财务决算报表、投入产出表
经济效益		总投资利润率	售电收入、税金及附加、总成本、总投资	网上电网、财务决算报表
环境效益		节能减碳成本	碳市场综合价格、降损电量、省级电网碳排放因子	网上电网、碳排放交易网、诊断分析、《生态环境部、国家统计局关于发布 2021 年电力二氧化碳排放因子的公告》

其他类型项目评价指标汇总见表4-5。

表4-5　　　　　　　　　500千伏各类型项目评价指标汇总表

		指标	满足新增负荷需求	加强网架结构	加强输电通道	保障电源送出	服务新能源
建设合规性		核准及时性	√	√	√		√
建设效率	工程建设效率	进度偏差率	√	√	√	√	√
	资金利用效率	资金结余率	√	√	√	√	√
	资产形成效率	转资及时率	√	√	√	√	√
		工程转资率	√	√	√	√	√
运行效率	设备利用效率	主变压器最大负载率	√	√	√		
		主变压器平均负载率	√	√			
		线路最大负载率	√	√		√	√
		线路平均负载率	√				√
		省间断面有功潮流峰值占比			√		
		省间断面有功潮流均值占比			√		
		省间断面交换电量占比			√		
	电能利用效率	最大负荷时刻功率因数	√	√	√	√	√
系统效益	系统功能实现度	实现系统功能定位目标度	√	√	√	√	√
安全效益		减停损失效益					
社会效益	基础设施水平提升	新增供（输）电能力/新增断面输电能力	√	√	√	√	√
		新增主变压器容量占比	√	√	√		
		新增线路长度占比	√	√	√	√	
	社会稳定性提升	N-1通过率提升度	√	√	√		
		同塔双回N-2通过率提升度	√	√	√		
		改善网架结构贡献绩效	√	√	√		
		送电及时性				√	√
		省间断面交换电量占用电量比例			√		
		500千伏单回线路平均长度	√	√	√	√	√
		母线电压合格率			√		
		电网安全事故发生次数			√		
		影响电能质量考核次数				√	√

	指标		满足新增负荷需求	加强网架结构	加强输电通道	保障电源送出	服务新能源
社会效益	用能成本降低	降损效益	√	√	√	√	√
	创造社会价值	带动社会投资					
经济效益		投资利润率	√	√	√	√	√
环境效益		节能减碳成本	√	√	√	√	√
		减排降碳成本				√	√

注　省间断面有功潮流峰值占比＝省间断面有功潮流峰值/线路额定容量；省间断面有功潮流均值占比＝省间断面有功潮流均值/线路额定容量；省间断面交换电量占比＝省间断面交换电量/所有断面年交换电量；省间断面交换电量占用电量比例＝省间断面交换电量/省内全社会用电量×100%。

三、220千伏业扩配套项目投资价值评价指标和数据集

220千伏业扩配套项目投资价值评价指标包含两个层级，一是当年度投产的单个项目在投产后一段时间内的效率效益；二是整体层级，即当年度所有项目投产效率效益的归集评价；评价层级包含对整体层级的评价和各个单项项目层级独立评价、横向比较评价。当前业扩配套项目评价指标主要包含后评价指标等，基于指标构建原则和指标构建发散、收敛以及试验修订三个阶段，主要基于现有评价指标，通过组合优化，形成单个项目评价指标、整体层级评价指标。

1. 单个项目评价指标

基于效率效益评价要素，考虑主要包含建设期间的建设效率和投产后的运营效率效益等。在评价维度上主要考虑：

一是评价时间维度上：评价建设期和运营期，建设期统一设定为投产年，运营期为项目投产年至评价时点，如某项目2020年投产，则建设期评价指标统一设定至2020年，如进度偏差率，将该指标设为2020年评价指标；对于如选取2020～2022年投产项目，则为保证2022年投产项目运营期为1年以上，评价时点至少应为2023年末。

二是评价指标维度上：主要考虑投资效率效益，基于业扩配套项目特点，从建设效率、获得电力效率、运行效率、安全效益、经济效益、环境效益和社会效益层级评价。建设效率考虑工程投产后的进度计划实现情况、资金利用效率和转资效率水平；获得电力效率考虑当年度工程投产后的获得电力效率水平，包含获得电力环节数、获得电力办电时长、获得电力办电成本；运行效率考虑设备利用效率、电能利用效率，包含报装容量利用率、线路利用率；安全效益考虑工程投

产后相对于行业可靠性的减停损失效益水平；经济效益考虑工程投产对企业效益的影响；环境效益考虑当年度投产工程节能降碳带来的环境效益；社会效益主要基于提升基础设施水平和社会稳定性、降低用能成本等方面进行评价，其中社会稳定性提升重点考虑工程投产运行带来的安全可靠性，从而降低社会稳定性风险。

单个项目评价指标具体见表4-6。相对应的数据集见表4-7。

表4-6   220千伏业扩配套项目评价指标

指标			指标计算公式
建设效率	工程建设效率	进度偏差率	进度偏差率=（实际工期−计划工期）/365×100%
	资金利用效率	资金结余率	资金结余率=（实际投资−概算投资）/概算投资×100%
	工程转资效率	转资及时率	转资及时率=（决算时间−投产时间）/6×100%
		工程转资率	工程转资率=转资资产/实际投资×100%
获得电力效率	获得电力环节	办电环节数	办电环节数=从申请到获得电力环节数
	获得电力时间	办电时长	办电时长=从申请到获得电力历经时长
	获得电力成本	办电成本	办电成本=从申请到获得电力所需成本
运行效率	设备利用效率	报装容量利用率	报装容量利用率=线路最大有功功率/报装容量
		线路最大负载率	线路最大负载率=线路最大有功功率/线路额定容量
		线路平均负载率	线路平均负载率=线路输送电量/（线路额定容量×8760）
	电能利用效率	最大负荷时刻功率因数	最大负荷时刻功率因数=最大负荷时刻有功功率/$\sqrt{\text{最大负荷时刻有功功率}^2+\text{最大负荷时刻无功功率}^2}$
社会效益	安全效益	减停损失效益	减停损失效益=工程最大负荷（行业非计划停运次数^2×行业非计划停运小时^2−非计划停运次数^2×非计划停运小时^2）/8760×单位电量GDP
	基础设施水平提升	新增输电能力	新增输电能力=线路输送容量
		新增线路长度占比	新增线路长度占比=新增线路长度/年度线路长度×100%
	社会稳定性提升	继保装置误动、拒动次数	继保装置误动、拒动次数=各年度继保装置误动、拒动次数
		平均停电时间	平均停电时间=∑各次停电时间/停电次数
		停电次数	停电次数=各年度停电次数
		非计划停运次数	非计划停运次数=各年度非计划停运次数
		非计划停运时间	非计划停运时间=各年度非计划停运时间
		线路跳闸次数	线路跳闸次数=各年度线路跳闸次数
	用能成本降低	降损效益	降损效益=（本年度线损电量−合理线损电量上限）×平均购电价
	创造社会价值	新增投资带动社会投资	新增投资带动社会投资=工程投资×电网投资综合效应系数
经济效益		投资利润率	投资利润率=（售电收入−税金及附加−总成本）/总投资×100%，其中售电收入=（该电压等级输电价−上级电压等级输电价）×线路输送电量
环境效益		节约碳税成本	节约碳税成本=单位碳税×降损电量×省级电网碳排放因子

表 4-7　　　　　　220 千伏业扩配套项目评价指标数据集

指标			指标基础数据	采集渠道
建设效率	工程建设效率	进度偏差率	实际工期、计划工期	财务决算报表
	资金利用效率	资金结余率	实际投资、概算投资	财务决算报表
	工程转资效率	转资及时率	决算时间、投产时间	财务决算报表
		工程转资率	转资资产、实际投资	财务决算报表
获得电力效率	获得电力环节	办电环节数	从申请到获得电力环节数	申请书、业主报装材料
	获得电力时间	办电时长	从申请到获得电力历经时长	申请书、业主报装材料
	获得电力成本	办电成本	从申请到获得电力所需成本	申请书、业主报装材料
运行效率	设备利用效率	报装容量利用率	线路最大有功功率、报装容量	调度系统、业主报装材料
		线路最大负载率	线路最大有功功率、线路额定容量	调度系统
		线路平均负载率	线路输送电量、线路额定容量	调度系统
	电能利用效率	最大负荷时刻功率因数	最大负荷时刻有功功率、最大负荷时刻无功功率	调度系统
安全效益	安全效益	减停损失效益	线路最大负荷、非计划停运次数和小时数、行业非计划停运次数和小时数、全社会用电量、GDP	调度系统、安监报告
社会效益	基础设施水平提升	新增输电能力	线路输送容量	手动计算
		新增线路长度占比	新增线路长度、年度线路长度	财务决算报表
	社会稳定性提升	继保装置误动、拒动次数	年度继保装置误动、拒动次数	安监报告
		平均停电时间	各次停电时间、停电次数	安监报告
		停电次数	年度停电次数	安监报告
		非计划停运次数	年度非计划停运次数	安监报告
		非计划停运时间	年度非计划停运时间	安监报告
		线路跳闸次数	年度线路跳闸次数	安监报告
	用能成本降低	降损效益	年度线损电量、合理线损电量上限、平均购电价	调度系统
	创造社会价值	新增投资带动社会投资	工程投资、电网投资综合效应系数	财务决算报表、投入产出表
经济效益	经济效益	投资利润率	售电收入、税金及附加、总成本、总投资	公开的输配电价、财务决算报表
环境效益	环境效益	节约碳税成本	单位碳税、降损电量、省级电网碳排放因子	《国家统计局关于发布2021 年电力二氧化碳排放因子的公告》

2. 整体层级评价指标

基于效率效益评价要素，考虑主要包含建设期间的建设效率和投产后的运营效率效益等。在评价维度上主要考虑：

一是评价时间维度上：主要评价建设期和运营期，建设期统一设定为投产年，运营期为项目投产年至评价时点。

二是评价指标维度上：主要考虑投资效率效益，基于业扩配套项目特点，从建设效率、获得电力效率、安全效益、经济效益、环境效益和社会效益层级评价。建设效率考虑当年度所有工程投产后的平均进度计划实现情况、资金利用效率和转资效率水平；获得电力效率考虑当年度所有工程投产后的平均获得电力效率水平，包含平均获得电力环节数、平均获得电力办电时长、平均获得电力办电成本；安全效益考虑当年度所有工程投产后的平均安全可靠性水平；经济效益考虑当年度投产工程平均效益水平；环境效益考虑当年度投产工程节能减排带来的平均效益水平；社会效益主要基于提升基础设施水平和社会稳定性、降低用能成本等方面进行评价，其中社会稳定性提升重点考虑工程投产运行带来的安全可靠性，从而降低社会稳定性风险。

整体层级评价指标具体见表4-8。相对应的数据集主要根据各项目指标值进行汇总或取平均值。

表4-8   220千伏业扩配套项目总体评价指标

指标			指标计算公式
建设效率	工程建设效率	平均进度偏差率	平均进度偏差率=∑各项目进度偏差率/项目数
	资金利用效率	平均资金结余率	平均资金结余率=∑各项目资金结余率/项目数
	工程转资效率	平均转资及时率	平均转资及时率=∑各项目转资及时率/项目数
		平均工程转资率	平均工程转资率=∑各项目工程转资率/项目数
获得电力效率	获得电力环节	平均办电环节数	平均办电环节数=∑各项目办电环节数/项目数
	获得电力时间	平均办电时长	平均办电时长=∑各项目办电时长数/项目数
	获得电力成本	平均办电成本	平均办电成本=∑各项目办电成本/项目数
运行效率	设备利用效率	平均线路最大负载率	平均线路最大负载率=∑各项目线路最大负载率/项目数
		平均线路平均负载率	平均线路平均负载率=∑各项目线路平均负载率/项目数
	电能利用效率	平均最大负荷时刻功率因数	平均最大负荷时刻功率因数=∑各项目年度最大负荷时刻功率因数/项目数

指标			指标计算公式
社会效益	基础设施水平提升	平均新增输电能力	平均新增输电能力=∑各项目年度新增输电能力/项目数
		平均新增线路长度占比	平均新增线路长度占比=∑各项目年度新增线路长度/年度线路长度
	社会稳定性提升	平均继保装置误动、拒动次数	平均继保装置误动、拒动次数=∑各项目年度发生继保装置误动、拒动次数/项目数
		平均停电时间	平均停电时间=∑各项目年度停电时间/项目数
		平均停电次数	平均停电次数=∑各项目年度停电次数/项目数
		平均线路跳闸次数	平均线路跳闸次数=∑各项目年度线路跳闸次数/项目数
	用能成本降低	平均降损效益	平均降损效益=∑各项目年度降损效益/项目数
	创造社会价值	平均新增投资带动社会投资	平均新增投资带动社会投资=∑各项目新增投资带动社会投资/项目数
经济效益	企业效益	重要用户售电收入比例	重要用户售电收入比例=重要用户售电收入/新增售电收入×100%，其中新增售电收入=∑各项目年度售电收入
		平均投资利润率	平均投资回报率=∑各项目投资回报率/项目数
	环境效益	平均节约碳税成本	平均节约碳税成本=∑各项目年度节约碳税成本/项目数

第二节 电网项目投资价值综合评价方法

一、综合评价方法选取原则

由于投资分配涉及因素较多，且投资受政策导向性强，单一方法很难较准确评估投资分配规模，应从多维角度评估，构建可操作性、多维性的投资价值综合评价方法应用原则。

（1）可操作性。当前很多方法过于追求优化技术，需一定的平台或软件支撑，欠缺实用性。本次构建方法主要考虑方法的实用性，通过指标赋权和评分，达到综合评估项目年度效率效益或指数水平。

（2）多维性。基于指标构建层级，从整体和单个项目两个层级综合评估年度投资效率效益，通过两个层级的评估，最终得到评估结论。

二、电网基建项目投资价值评分规则设计

1. 500 千伏电网基建项目投资价值评分规则设计

按照综合评价方法可操作性原则，选取标杆法等评分法设计评分规则，从而支撑各类型 500 千伏电网基建项目投资价值的综合评价。

（1）整体层级评价指标评分规则。整体层级评价指标主要依据标杆评分法，考虑各指标属性和理想值、行业水平等，比对理想值、行业水平等标杆，设置各指标评分规则。具体见表 4-9。

运行效率方面，一般认为，最大和平均负载率在投产三年后如达到 40%、25% 则表明达到规划目标，可基于负载率与 40%、25% 的比率评估该指标得分。

系统效益方面，设备重过载、轻载降低率主要根据相对值和绝对值评分，若相邻年度设备无重过载、轻载，则直接赋予满分，否则根据改善幅度评分，以 60 分为基准分，剩余 40 分按改善和未改善两部分分别评估，并以 20% 作为相对比率。支撑等效装机则根据装机送出线路负载率、变电合理容载比等评估合理值，设（0.6，0.8）为满分区间，低于 0.6 按正向值处理，高于 0.8 按逆向值处理。500/220 千伏层间变电容量比也主要根据各级电网合理容载比评估合理值，设（1.2，1.5）为满分区间，低于 1.2 按正向值处理，高于 1.5 按逆向值处理。

安全效益方面，主要考虑相对于行业非计划停运时间减少带来的减停损失效益，相对值综合考虑主变压器额定容量或线路输送容量、安全裕度下的负载率水平和最大负荷利用小时。

经济效益方面，评分规则也主要采用标杆法，相对值综合考虑主变压器额定容量、25% 的负载率提升水平和最大负荷利用小时。

社会效益方面，基础设施类提升指标中，变电容量增长率主要考虑相对于不同负荷增长率下的合理容载比；线路增长率主要考虑相对于 500 千伏线路合理供电半径区间下限到上限的增长率；$N-1$ 通过率提升度、同塔双回 $N-2$ 通过率提升度、安全隐患降低数、超（临）限母线节点数量降低率、按暂稳控制线路占比降低率、500 千伏平均单回线路长度降低率评分考虑与设备重过载、轻载比例降低率类似；母线电压合格率则直接根据指标值乘以 100 作为指标得分；降损效益主要考虑线损率相对于合理上限值 1.5% 的差异带来的效益；带动社会投资则考虑 500 千伏年度投资规模水平和电网投资综合效应系数平均水平作为指标得分类比值。

环境效益方面，节能减碳成本、减排降碳成本评分类比值分别考虑设备合理线损电量、新能源装机规划发电量，考虑相对于上述电量的比率。

表 4-9 整体评价指标评分规则

评价层级			评分规则
运行效率		全网 500 千伏线路最大负载率	min（100，100×指标值/40%）
		全网 500 千伏线路等效负载率	min（100，100×指标值/25%）
		全网 500 千伏主变压器最大负载率	min（100，100×指标值/40%）
		全网 500 千伏主变压器等效负载率	min（100，100×指标值/25%）
系统效益	促进网荷协调	主变压器重过载比例降低率	当相邻年度主变压器重过载比例均为 0 时，100 分；当指标值<0 时，min（100，60+40×|指标值|/20%）；当指标值≥0 时，max（0，60-40×指标值/20%）
		线路重过载比例降低率	当相邻年度线路重过载比例均为 0 时，100 分；当指标值<0 时，min（100，60+40×|指标值|/20%）；当指标值≥0 时，max（0，60-40×指标值/20%）
		主变压器轻载比例降低率	当相邻年度主变压器轻载比例均为 0 时，100 分；当指标值<0 时，min（100，60+40×|指标值|/20%）；当指标值≥0 时，max（0，60-40×指标值/20%）
		线路轻载比例降低率	当相邻年度线路轻载比例均为 0 时，100 分；当指标值<0 时，min（100，60+40×|指标值|/20%）；当指标值≥0 时，max（0，60-40×指标值/20%）
	促进网源协调	单位变电容量支撑等效装机	当指标值<0.6，100×指标值/0.6；当 0.6≤指标值≤0.8，100；当指标值>0.8，100×0.8/指标值
		单位线路长度支撑等效装机	当指标值<0.6，100×指标值/0.6；当 0.6≤指标值≤0.8，100；当指标值>0.8，100×0.8/指标值
	促进网间协调	500/220 千伏层间变电容量比	当指标值<1.2，100×指标值/1.2；当 1.2≤指标值≤1.5，100；当指标值>1.5，100×1.5/指标值
		改善网架结构贡献绩效	指标值=1，100 分；指标值=0，0 分
安全效益		减停损失效益	当指标值<0，0；当指标值>0，100×指标值/［500 千伏本年度主变压器额定容量或线路输送容量×考虑安全裕度的负载率水平×5000×500 千伏新增项目主变压器或线路非计划停运时间/8760×单位电量 GDP］
经济效益		500 千伏单位投资增供电量	当指标值<0 时，0 分；当指标值>0 时，min（100，100×增供电量/（主变压器容量×25%×5000））
社会效益	基础设施水平提升	500 千伏公用变电容量增长率	当指标值≤7%时，min（100，100×指标值/7%/1.8）；当 7%<指标值<12%时，min（100，100×指标值/12%/1.9）；当指标值≥12%时，min（100，100×指标值/12%/2）
		500 千伏公用线路长度增长率	当指标值>33%时，0 分；当指标值<33%时，60+40×（33%-指标值）/33%

续表

评价层级			评分规则
社会效益	社会稳定性提升	$N-1$ 通过率提升度	当相邻年度 $N-1$ 通过率均为 100% 时，100 分；当指标值 <0 时，$\min(100, 60+40 \times \lvert$指标值$\rvert/20\%)$；当指标值 ≥0 时，$\max(0, 60-40 \times$ 指标值$/20\%)$
		同塔双回 $N-2$ 通过率提升度	当相邻年度 $N-2$ 通过率均为 100% 时，100 分；当指标值 <0 时，$\min(100, 60+40 \times \lvert$指标值$\rvert/20\%)$；当指标值 ≥0 时，$\max(0, 60-40 \times$ 指标值$/20\%)$
		安全隐患降低数	当相邻年度隐患数均为 0 时，100 分；当指标值 <0 时，$\min(100, 60+40 \times \lvert$指标值$\rvert/$上年度隐患数$)$；当指标值 ≥0 时，$\max(0, 60-40 \times$ 指标值$/$上年度隐患数$)$
		超（临）限母线节点数量降低率	当相邻年度超（临）限母线节点数量均为 0 时，100 分；当指标值 <0 时，$\min(100, 60+40 \times \lvert$指标值$\rvert/20\%)$；当指标值 ≥0 时，$\max(0, 60-40 \times$ 指标值$/20\%)$
		按暂稳控制线路占比降低率	当相邻年度按暂稳控制线路占比均为 0 时，100 分；当指标值 <0 时，$\min(100, 60+40 \times \lvert$指标值$\rvert/20\%)$；当指标值 ≥0 时，$\max(0, 60-40 \times$ 指标值$/20\%)$
		500 千伏平均单回线路长度降低率	当指标值 <0 时，$\min(100, 60+40 \times \lvert$指标值$\rvert/2\%)$；当指标值 ≥0 时，$\max(0, 60-40 \times$ 指标值$/2\%)$
		母线电压合格率	$100 \times$ 指标值
	用能成本降低	降损效益	$60+40 \times (1.5\% -$ 线损率$) \div 1.5\%$
	创造社会价值	新增投资带动社会投资	$\min(100 \times$ 新增投资$/50 \times$ 电网投资综合效应系数$/2, 100)$
环境效益		节能减碳成本	$\min(100, 60+40 \times \{$指标值$\div [$碳市场综合价 $\times$（区域电网碳排放因子（千克/千瓦时）$\times$ 输入电量（万千瓦时）$\times 1.5\%) \div 10^3] \})$，其中碳市场综合价结合碳排放交易网公布数据，地区电网碳排放因子结合生态环境部、国家统计局发布数据
		减排降碳成本	$\min(100, 60+40 \times \{$指标值$\div [$碳市场综合价 $\times$（单位火电二氧化碳排放量（千克/千瓦时）$\times$ 新能源装机 $\times 2500$（万千瓦时）$)) \div 10^3] \})$，其中碳市场综合价结合碳排放交易网公布数据，单位火电二氧化碳排放量依据《中国电力行业年度发展报告》查找

（2）单个项目评价指标评分规则。与整体层级评价指标评分规则类似，单个项目主要依据分档、标杆评分法，考虑各指标属性和理想值、行业水平等，比对理想值、行业水平等标杆，设置各指标评分规则。以满足新增负荷需求类项目为例，评分规则具体见表 4-10。

表 4-10　　以满足新增负荷需求类项目评价指标评分规则为例

指标			评分规则
建设合规性		核准及时性	均满足，100；满足其中一项，50；均不满足，0
建设效率	工程建设效率	进度偏差率	当指标值≤0，100；当 0<指标值<1，100×指标值，否则为 0
	资金利用效率	资金结余率	当 -5%≤指标值≤0，100；当 -10%≤指标值< -5%，80+20×（指标值+10%）/10%；当 -20%≤指标值< -10%，60+40×（指标值+20%）/20%；当指标值< -20%或>0，0
	资产形成效率	转资及时率	当指标值≤1，100；当 1<指标值≤1.5，100×（1.5-指标值）；当指标值>1.5，0
		工程转资率	100×指标值
运行效率	设备利用效率	主变压器最大负载率	min（100，100×指标值/40%）
		主变压器平均负载率	min（100，100×指标值/25%）
		线路最大负载率	min（100，100×指标值/40%）
		线路平均负载率	min（100，100×指标值/25%）
	电能利用效率	最大负荷时刻功率因数	当指标值≥95%，100；当指标值<95%，100×指标值
系统效益	系统功能实现度	实现系统功能定位目标度	100×指标值
安全效益		减停损失效益	当指标值<0，0；当指标值>0，min[100，100×指标值/（项目主变压器容量或线路输送容量×考虑安全裕度的负载率水平×5000×500 千伏新增项目主变压器或线路非计划停运时间/8760×单位电量 GDP）]
社会效益	基础设施水平提升	新增输电能力	100×指标值/线路回数/3464
		新增线路长度占比	当指标值<公司 500 千伏单回线路平均长度/公司 500 千伏线路长度，100；否则 60+40×（公司 500 千伏单回线路平均长度/公司 500 千伏线路长度-指标值）/指标值
		新增主变压器容量占比	当指标值>1/公司 500 千伏主变压器台数，100；否则 60+40×（1/500 千伏主变压器台数-指标值）/指标值
	社会稳定性提升	N-1 通过率提升度	当相邻年度 N-1 通过率均为100%时，100 分；当指标值<0 时，min（100，60+40×|指标值|/20%）；当指标值≥0 时，max（0，60-40×指标值/20%）
		同塔双回 N-2 通过率提升度	当相邻年度 N-2 通过率均为100%时，100 分；当指标值<0 时，min（100，60+40×|指标值|/20%）；当指标值≥0 时，max（0，60-40×指标值/20%）
		改善网架结构贡献绩效	指标值=1，100 分；指标值=0，0 分
		500 千伏单回线路平均长度	当指标值<公司 500 千伏单回线路平均长度，100；否则 60+40×（指标值-公司 500 千伏单回线路平均长度）/指标值
		母线电压合格率	100×指标值
		电网安全事故发生次数	当指标值=0 时，100 分；当指标值>0 时，min（100-发生严重事故次数×25-发生一般事故次数×10，0）

续表

指标			评分规则
社会效益	用能成本降低	降损效益	min（0，60+40×（1.5%−线损率）÷1.5%）
	创造社会价值	带动社会投资	min（100×新增投资/15÷电网投资综合效应系数/2，100）
经济效益		总投资利润率	当指标值＜0 时，0 分；当指标值＞0 时，min［（指标值−2%）/2%×40+60，100］
环境效益		节能减碳成本	min（100，60+40×{指标值÷［碳市场综合价×（区域电网碳排放因子（千克/千瓦时）×输入电量（万千瓦时）×1.5%）÷10^3］}），其中碳市场综合价结合碳排放交易网公布数据，地区电网碳排放因子结合生态环境部、国家统计局发布数据

建设效率方面，核准及时性按满足、满足其中项和不满足分档给分；进度偏差率按未滞后、滞后 1 年内、滞后 1 年以上分档给分；投资结余率则按考核值 5%作为分界线，按（0，∞）（−5%，0）（−10%，−5%）（−20%，−10%）（−∞，−20%）分档给分；转资及时率按决算在竣工投产后 6 个月内完成作为标杆，分别按照 6 个月内、9个月内、9 个月以上分档给分；工程转资率则直接按指标值乘以 100 作为指标得分。

其他层级评价指标评分规则与整体评价评分规则类似，在此不再赘述。

2. 220 千伏业扩配套项目投资价值评分规则设计

按照综合评价方法可操作性原则，同样选取 0～1 指数评分法设计评分规则，从而支撑 220 千伏业扩配套项目投资价值的综合评价。

（1）单个项目评价指标评分规则。考虑到单个项目评价指标属性，可分别基于标杆、分档评分法设计。具体见表 4−11，其中建设效率、运行效率、社会经济和环境效益各指标评分规则与 500 千伏电网基建项目评分规则基本一致。获得电力效率方面，办电环节数和办电时长以规定值作为基准，以指标值与规定值偏差作为评分要点；办电成本则以节约或增加办电成本作为评分要点。

表 4−11　　　　　　　220 千伏业扩配套类项目评价指标评分规则

指标			评分规则
建设效率	工程建设效率	进度偏差率	均满足，100；满足其中一项，50；均不满足，0
	资金利用效率	资金结余率	当指标值≤0，100；当 0＜指标值＜1，100×指标值，否则为 0
	工程转资效率	转资及时率	当−5%≤指标值≤0，100；当−10%≤指标值＜−5%，80+20×（指标值+10%)/10%；当−20%≤指标值＜−10%，60+40×（指标值+20%)/20%；当指标值＜−20%或＞0，0
		工程转资率	当指标值≤1，100；当 1＜指标值≤1.5，100×（1.5−指标值）；当指标值＞1.5，0

续表

指标			评分规则
获得电力效率	获得电力环节	办电环节数	当指标值＞规定值时，min［0，60+40×（规定值－指标值）/规定值］，否则 min［100，60+40×（规定值－指标值）/规定值］
	获得电力时间	办电时长	当指标值＞规定值时，min［0，60+40×（规定值－指标值）/规定值］，否则 min［100，60+40×（规定值－指标值）/规定值］
	获得电力成本	办电成本	当办电成本增加时，min（0，60+40×增加办电成本/原办电成本），否则 min（100，60+40×节约办电成本/原办电成本）
运行效率	设备利用效率	报装容量利用率	min（100，100×指标值/40%）
		线路最大负载率	min（100，100×指标值/40%）
		线路平均负载率	min（100，100×指标值/25%）
	电能利用效率	最大负荷时刻功率因数	当指标值≥95%，100；当指标值＜95%，100×指标值
社会效益	基础设施水平提升	新增输电能力	100×指标值/线路回数/500
		新增线路长度占比	当指标值＜公司 220 千伏单回线路平均长度/公司 220 千伏线路长度，100；否则 60+40×（公司 220 千伏单回线路平均长度/公司 220 千伏线路长度－指标值）/指标值
	社会稳定性提升	继保装置误动、拒动次数	min（0，100－10×指标值）
		平均停电时间	当指标值＞行业水平时，min［0，60+40×（行业水平－指标值）/行业水平］，否则 min［100，60+40×（行业水平－指标值）/行业水平］
		停电次数	当指标值＞行业水平时，min［0，60+40×（行业水平－指标值）/行业水平］，否则 min［100，60+40×（行业水平－指标值）/行业水平］
		非计划停运次数	当指标值＞行业水平时，min［0，60+40×（行业水平－指标值）/行业水平］，否则 min［100，60+40×（行业水平－指标值）/行业水平］
		非计划停运时间	当指标值＞行业水平时，min［0，60+40×（行业水平－指标值）/行业水平］，否则 min［100，60+40×（行业水平－指标值）/行业水平］
		线路跳闸次数	当指标值＞行业水平时，min［0，60+40×（行业水平－指标值）/行业水平］，否则 min［100，60+40×（行业水平－指标值）/行业水平］
	用能成本降低	降损效益	min（0，60+40×（3%－线损率）÷1.5%）
	创造社会价值	带动社会投资	min（100×新增投资/0.5×电网投资综合效应系数/2，100）
经济效益	投资利润率		当指标值＜0时，0分；当指标值＞0时，min［(指标值－2%)/2%×40+60，100］
环境效益	节约碳税成本		min（100，60+40×{指标值÷［碳市场综合价×（区域电网碳排放因子（千克/千瓦时）×输入电量（万千瓦时）×1.5%）÷10^3］}），其中碳市场综合价结合碳排放交易网公布数据，地区电网碳排放因子结合生态环境部、国家统计局发布数据

注　考虑该类型投资规模水平与 500 千伏电网基建项目的差异，带动社会投资指标与表 4-10 中同一指标评分公式稍有差异。

（2）整体层级评价指标评分规则。考虑到单个项目评价指标属性，可分别基于标杆、分档评分法设计。具体见表 4-12，各指标评分规则与单项一致，其中重要用户售电收入比例按照基准分 60 分，并根据指标表现进行加分的方式进行评分。

表 4-12 　　　　　　220 千伏业扩配套类整体层级评价指标评分规则

指标			评分规则
建设效率	工程建设效率	平均进度偏差率	均满足，100；满足其中一项，50；均不满足，0
	资金利用效率	平均资金结余率	当指标值≤0，100；当 0＜指标值＜1，100×指标值，否则为 0
	工程转资效率	平均转资及时率	当-5%≤指标值≤0，100；当-10%≤指标值＜-5%，80+20×(指标值+10%)/10%；当-20%≤指标值＜-10%，60+40×(指标值+20%)/20%；当指标值＜-20%或>0，0
		平均工程转资率	当指标值≤1，100；当 1＜指标值≤1.5，100×(1.5-指标值)；当指标值>1.5，0
获得电力效率	获得电力环节	平均办电环节数	当指标值>规定值时，min[0，60+40×(规定值-指标值)/规定值]，否则 min[100，60+40×(规定值-指标值)/规定值]
	获得电力时间	平均办电时长	当指标值>规定值时，min[0，60+40×(规定值-指标值)/规定值]，否则 min[100，60+40×(规定值-指标值)/规定值]
	获得电力成本	平均办电成本	当办电成本增加时，min(0，60+40×增加办电成本/原办电成本)，否则 min(100，60+40×节约办电成本/原办电成本)
运行效率	电能利用效率	平均最大负荷时刻功率因数	min(100，100×指标值/40%)
	设备利用效率	平均线路最大负载率	min(100，100×指标值/25%)
		平均线路平均负载率	当指标值≥95%，100；当指标值＜95%，100×指标值
社会效益	基础设施水平提升	平均新增输电能力	100×指标值/线路回数/500
		平均新增线路长度占比	当指标值＜公司 220 千伏单回线路平均长度/公司 220 千伏线路长度，100；否则 60+40×(公司 220 千伏单回线路平均长度/公司 220 千伏线路长度-指标值)/指标值
	社会稳定性提升	平均继保装置误动、拒动次数	当指标值>行业水平时，min[0，60+40×(行业水平-指标值)/行业水平]，否则 min[100，60+40×(行业水平-指标值)/行业水平]
		平均停电时间	当指标值>行业水平时，min[0，60+40×(行业水平-指标值)/行业水平]，否则 min[100，60+40×(行业水平-指标值)/行业水平]
		平均停电次数	当指标值>行业水平时，min[0，60+40×(行业水平-指标值)/行业水平]，否则 min[100，60+40×(行业水平-指标值)/行业水平]
		平均线路跳闸次数	当指标值>行业水平时，min[0，60+40×(行业水平-指标值)/行业水平]，否则 min[100，60+40×(行业水平-指标值)/行业水平]
	用能成本降低	平均降损效益	min(0，60+40×(3%-线损率)÷1.5%)
	创造社会价值	平均新增投资带动社会投资	min(100×新增投资/0.5×电网投资综合效应系数/2，100)

续表

指标			评分规则
经济效益	企业效益	重要用户售电收入比例	60+40×指标值
		平均投资利润率	当指标值<0 时，0 分；当指标值>0 时，min［（指标值－2%）/2%×40+60，100］
环境效益	环境效益	平均节约碳税成本	min（100，60+40×{指标值÷[碳市场综合价×（区域电网碳排放因子（千克/千瓦时）×输入电量（万千瓦时）×1.5%）÷10^3]}），其中碳市场综合价结合碳排放交易网公布数据；地区电网碳排放因子结合生态环境部、国家统计局发布数据

三、电网项目投资价值综合评价

1. 电网项目投资价值赋权方法

指标赋权方法通常有主观赋权法、客观赋权法和组合赋权法，而主观、客观赋权通常分别采用层次分析法、熵权法。基于指标属性和特点，本次选取主观赋权法，采用序关系分析法（G1）。序关系分析法（G1）是在层次分析法的基础上改进的一种主观赋权法，是一种定性与定量相结合的、层次化的、系统化的决策分析法，具有运算简便、适用范围广的特点。其主要计算步骤是：

（1）确定评价指标的序关系。假定上一层的元素 A 作为准则，对下一层元素 X_1，X_2，…，X_n 有支配关系，比较 n 个元素对准则 A 的影响，选出在准则 A 下决策者认为最重要的一个指标记为*X_1，在余下的（n-1）个指标中，选出最重要的指标记为* X_2，按这种方法确定各元素之间的序关系*X_1>* X_2>* X_3>…>*X_n。

（2）给出各元素之间相对重要程度的判断，设在准则 A 下，元素 X_{k-1} 与元素 X_k 重要性程度之比：

$$W_{k-1}/W_k = r_k \tag{4-1}$$

式中 r_k 的赋值可参考表 4-13。

表 4-13 r_k 参 考 赋 值

r_k	说明	r_k	说明
1	指标 X_{k-1} 与指标 X_k 具有同样重要性	1.6	指标 X_{k-1} 比指标 X_k 强烈重要
1.2	指标 X_{k-1} 比指标 X_k 稍微重要	1.8	指标 X_{k-1} 比指标 X_k 极端重要
1.4	指标 X_{k-1} 比指标 X_k 明显重要		

（3）计算权重系数 W_i。根据 r_k 的理性赋值，各指标的权重系数为：

$$\begin{cases} W_n = (1 + \sum_{k=2}^{n} \prod_{i=k}^{n} r_i)^{-1} \\ W_{k-1} = r_k W_k, k = n, n-1, \cdots, 2 \end{cases} \tag{4-2}$$

考虑电网实际建设情况和项目在系统功能中发挥作用的变化，权重系数可动态调整，从而更为客观合理反映不同阶段项目投资效益。

2. 500 千伏电网基建项目投资价值综合评价

基于指标赋权和评分，可得到 500 千伏电网基建项目投资价值即年度指数、年度分值：

综合得分 $S_j = \sum \omega_i S_{ij}$

式中　S_{ij}——第 j 年第 i 个指标得分。

则各年综合指数为：

综合指数 $Z_j = \dfrac{S_j}{100}$。

基于该评价方法，可每年持续滚动开展，选取已投产输变电工程项目，按照数据集要求收集基础数据，开展各类项目和整体投资价值的全量数据分析评价，综合得到年度综合价值指数、得分，不断迭代更新指标、数据和评价结果，评价结果形成成效和问题清单，按照红黄蓝预警机制实施管理。基于年度综合价值指数结果，抓取和整理影响各类项目投资效率效益影响因素以及不确定因素。基于各类项目和整体投资价值的全量数据分析评价和影响因素分析结果，结合内外部形势，提出各类投资项目的投资建议。

3. 220 千伏业扩配套项目投资价值综合评价

基于指标赋权和评分，可得到 220 千伏业扩配套项目投资价值即年度指数、年度分值：

综合得分 $S_j' = \sum \omega_i S_{ij}'$

式中　S_{ij}'——第 j 年第 i 个指标得分。

则各年综合指数为：

综合指数 $Z_j' = \dfrac{S_j'}{100}$。

同样地，基于该评价方法，可每年持续滚动开展，选取已投产业扩配套项目，按照数据集要求收集基础数据，开展各类项目和整体投资价值的全量数据分析评价，综合得到年度综合价值指数、得分，不断迭代更新指标、数据和评价结果。基于年度综合价值指数结果，从外部政策、经济发展、用户负荷增长、用户报装容量、其他特殊因素等方面分别挖掘提炼投资效率效益影响因素以及不确定因素。基于各类项目和整体投资价值的全量数据分析评价和影响因素分析结果，结合内外部形势，提出业扩配套项目的投资建议。

第五章 以效率效益为中心的电网项目专项分析评价

第一节 专项分析方向

1. 特色项目

对于特色项目，如结合《关于印发〈国家发展改革委重大项目后评价管理办法〉的通知》（发改评督规〔2024〕1103号），选取对高质量发展、新质生产力有重大支撑和示范意义的项目，构建该类项目评价指标体系，综合评价项目高质量发展、新质生产力发展水平。

2. 特定领域

对于特定领域，如对于评价方法的完善，较为突出的如财务效益评价方法问题，当前由于电网网络特性和成本核算方式，单个输变电工程收入和成本需从电网网络和公司成本中剥离，当前在实操层面已形成资产分摊等业内普遍达成共识的成熟简易方法，但系统功能的不同导致变电、线路资产利用率不一致，按资产分摊原则显然不利于真实反映项目的实际收益。同时，由于电网工程在整个电网系统所处的作用和对整个电网系统的安全稳定经济性的影响也不同，不同设备故障概率不同，基于等资产等费用分摊原则不利于真实反映单个项目的实际运维费用。如何单独剥离出单个项目的收益和运维费用也是评价单个工程财务效益面临的难题。

3. 大型电网基建工程

对大型电网基建工程特别是重点项目开展风险评估；按照"管投向、管程序、管风险、管回报"，分别设置投资方向、投资程序、投资风险和投资回报评价指标。

（1）投资方向可从两方面设置指标：一是是否符合国家战略目标，项目是否具有战略价值；二是对公司战略规划的影响，评估项目实施对公司规划的影响。

（2）投资程序重点评估决策和建设程序是否合规。

（3）投资回报重点关注项目投资回报率和设备利用率指标。

（4）投资风险则一般关注风险措施制定情况、"四控"（造价、质量、安全和进度控制）风险、运行可靠性风险、环保水保管控风险、未达可研预期目标风险和影响项目可持续性的风险等。通过上述四个方面的综合评估，形成项目投资风险指数，为风险防控措施制定提供支撑。本书主要针对特定领域开展投资监管专项分析。

第二节　投 资 监 管 专 项 分 析

2017 年 1 月，国资委公布了《中央企业投资监督管理办法》，国资委以国家发展战略和中央企业五年发展规划纲要为引领，以把握投资方向、优化资本布局、严格决策程序、规范资本运作、提高资本回报、维护资本安全为重点，依法建立信息对称、权责对等、运行规范、风险控制有力的投资监督管理体系，推动中央企业强化投资行为的全程全面监管，国资委从管企业向管资本为主的投资监管进一步加速。按照国资委后评价管理办法，除企业开展后评价外，每年将抽取一定项目由国资委组织开展后评价，重点关注投资方向、投资程序、投资回报和投资风险。而随着国资国企和投融资体制改革的深入推进，后评价则被赋予更多的内涵和功能，在企业常态化工作中，特别是对于企业的投资管理，扮演着愈加重要的支撑服务角色。可以预见，后评价在相当长时期内，仍不失为支撑服务企业投资决策和央企投资监管的重要手段之一。

为应对投资监管，提升投资有效性和合规性，降低投资风险，有必要对大型电网基建工程特别是重点项目开展后评价，针对国资委关注重点，开展专项分析。

一、投资方向监管

输变电工程作为电网公司的主业投资，应符合国家能源储运设施建设发展战略、央企发展规划纲要以及企业电网发展战略规划。在设置投资方向监管指标时，可从两方面设置指标，一是是否符合国家战略目标，项目是否具有战略价值；二是对公司战略规划的影响，评估项目投资对公司规划的影响。

1. 符合战略目标和产业政策

指标定义：评价项目是否符合国家战略目标和产业政策，是否服务国家战略目标实施和服务地方社会经济发展。

指标计算公式：符合战略目标和产业政策＝0 或 1，其中是为 1，否为 0。

评分规则：指标值等于 1，即为满分；指标值等于 0，即为 0 分。

2. 项目战略规划水平

指标定义：评价项目对于公司整体战略规划的影响。

指标计算公式：服务公司战略规划＝基于对公司电网发展规划的影响程度，

按 1～5 进行评估。

评分规则：指标值×20。

二、投资程序监管

按照相关规定要求，500千伏及以下输变电工程应取得地方发改委核准批复，以及公司本部可研、初设批复，投资决策程序正常时序应为：可研委托、可研编制、可研评审、可研批复、项目核准、确定初设单位、初设、初设评审、初设批复、施工和监理招标、合同签订、施工图评审、项目开工，并且各时间节点应遵循公司前期工作管理办法。因此在指标设置时，可从两方面设置指标，一是评估资料是否合规；二是评估决策建设程序是否合规。

1. 资料合规性

指标定义：评价项目从可研到项目开工前各阶段资料是否齐全。

指标计算公式：资料合规性＝依据资料完整性按 0～5 进行评估，其中全部齐全为5，资料缺失、合同签章不完整等的依据缺失程度、不完整性依序评估，大部分齐全为4，部分齐全为2～3，仅少部分齐全为1，完全不齐全为0。

评分规则：指标值×20。

2. 程序合规性

指标定义：评价项目从可研到项目开工前各阶段决策程序是否符合时序要求，是否符合节点要求。

指标计算公式：程序合规性＝0.6×时序合规性＋0.4×节点合规性，基于相关决策程序规定和要求按0～5进行评估，其中时序、节点完全合规为5，大部分合规为4，部分合规为2～3（可研批复滞后于核准，初设批复滞后于施工和监理招标、开工日期，不动产权证、规划许可证、施工许可证未在开工前取得等关键程序不符合，其他符合的归为此档），仅少部分合规为1，完全不合规为0。

评分规则：指标值×20。

三、投资回报监管

1. 投资回报率

指标定义：项目全寿命周期年均利润与总投资比率。

指标计算公式：投资回报率＝Σ（售电收入−总成本−城市建设维护税及教育费附加）/项目全寿命周期/总投资。

式中，售电收入＝项目各年输送电量×分摊电价，其中分摊电价测算原则如下：对于新增项目而言，在相应匹配的电网中各电压等级的新增电量基本相同，收益的比重等同于电价的比重，按照等投资等效益原则，固定资产形成率按100%

考虑，资产比重等同于电价比重，对于新增输配电项目在进行分电压等级电价估算时，在考虑网损率后，可用该电压等级资产比重乘以全网平均输配电价。

总成本＝运维成本＋折旧费＋摊销费＋财务费用，其中运维成本通过项目标准成本（基于电网企业生产经营过程中的标准作业活动测定的正常情况下的最优运维成本消耗标准）占电网公司标准成本比例分摊电网公司运维成本计算，无企业标准成本的，运维成本按当前资产分摊方式或按不同电压等级运维费率经验估值计算。即运维成本＝公司运维成本×项目标准成本/公司标准成本＝公司运维成本×［∑（项目变电、线路、通信等规模×相应单位标准成本）＋项目外包费用］/［∑（公司变电、线路、通信等规模×相应单位标准成本）＋公司外包费用］，其中外包费用＝∑（变电、线路、通信等规模×相应单位标准成本）×5%×调整系数。

城市建设维护税及教育费附加＝销项税金×城市建设维护税及教育费附加税率＝（销项税－进项税－增值税抵扣）×城市建设维护税及教育费附加税率。

评分规则：指标值小于0的，为0分；指标值大于0的，取 min［(指标值－2%)/2%×40＋60，100］，2%考虑低风险投资一般回报率下限，并结合十年期国债收益率取定。

2. 最大负载率

（1）主变压器最大负载率。指标定义：主变压器年最大有功功率与额定容量比值，反映主变压器的利用效率。

指标计算公式：主变压器最大负载率＝主变压器年最大负荷/额定主变压器容量×100%。

评分规则：min（100×指标值/40%，100）。

（2）线路最大负载率。指标定义：线路年最大有功功率与线路输送容量比值，反映输电线路的利用效率。

指标计算公式：线路最大负载率＝线路最大负荷/输送容量×100%。

评分规则：min（100×指标值/40%，100）。

3. 平均负载率

（1）主变压器平均负载率。指标定义：主变压器年均有功功率与额定容量比值，反映主变压器的年均利用效率。

指标计算公式：主变压器平均负载率＝（主变压器年下网电量＋主变压器年上网电量）/（额定主变压器容量×8760）×100%。

评分规则：min（100×指标值/25%，100）。

（2）线路平均负载率。指标定义：线路年均有功功率与线路输送容量比值，反映输电线路的年均利用效率。

指标计算公式：线路平均负载率＝（正向输送电量＋反向输送电量）/（输送

容量×8760）×100%。

评分规则：min（100×指标值/25%，100）。

四、投资风险监管

作为输变电工程，投资风险一般关注前期可研风险措施制定情况、"四控"风险、运行可靠性风险、环保水保管控风险、未达预期目标和项目可持续性等。因此，指标设置主要从上述方面设定。

1. 前期预控

指标定义：评价项目在前期可研阶段是否制定各项风险预控措施。

指标计算公式：前期风险=站址预控风险+选线预控风险+财务效益预控风险+建设预控风险，制定风险管控措施的为0，未制定的为1。

评分规则：100−Σ各预控风险指标值×25。

2. 过程"四控"

指标定义：评价项目在进度、质量、安全和投资控制中是否实现预定目标，是否存在超期风险、质量和安全风险、超预算风险。

指标计算公式："四控"风险=进度风险+质量风险+安全风险+投资风险，其中进度风险、质量风险、安全风险、投资风险=0或1，存在超期、质量和安全风险、超预算的为1，否则为0。

评分规则：100−指标值×25。

3. 运行可靠性风险

（1）线路非计划停运频次。指标定义：反映每百公里线路非计划停运次数，评估项目投运线路供电可靠性水平。

指标计算公式：线路非计划停运频次=线路非计划停运次数/（100×线路长度）。

评分规则：当指标值=0时，得100分；否则为100−10×|指标值−全国水平|/全国水平，全国水平取中电联发布的可靠性指标，当评分小于0时取0。

（2）变压器非计划停运频次。指标定义：反映每百台主变压器非计划停运次数，评估项目投运主变压器供电可靠性水平。

指标计算公式：变压器非计划停运频次=变压器非计划停运次数/（100×主变压器台数）。

评分规则：当指标值=0时，得100分；否则为100−10×|指标值−全国水平|/全国水平，全国水平取中电联发布的可靠性指标，当评分小于0时取0。

（3）电网安全事故发生次数。指标定义：反映项目运行过程中发生电网、设备事故次数，评估项目投运供电安全可靠性水平。

指标计算公式：电网安全事故发生次数=统计项目发生电网安全事故次数。

评分规则：min（100 - 发生严重事故次数×25 - 发生一般事故次数×10，0）。

4. 环保水保风险

指标定义：评价项目是否及时获得环保、水保验收批复，未取得的项目是否存在环境污染风险。

指标计算公式：环保水保风险 = 0.6×环保、水保验收批复及时性 + 0.4×环境污染风险，其中环保、水保验收批复及时性 = 0、0.8、1，及时取得为 1，取得但滞后为 0.8，未取得则为 0；环境污染风险 = 0 或 1。

评分规则：指标值×100。

5. 预期目标实现风险

指标定义：对照项目可研预期目标，评价项目是否实现预期目标。

指标计算公式：未达预期目标风险 = 未达预期目标数/预期目标数，80%及以上未实现为高风险，30%～80%未实现为中风险，30%及以下未实现为低风险，全部实现为无风险。

评分规则：指标值×100。

6. 项目可持续性风险

指标定义：评价项目可持续性风险，包含政策制度、市场需求、运营主体、财务效益风险。

指标计算公式：项目可持续性风险 = 政策制度风险 + 市场需求风险 + 运营主体风险 + 财务效益风险，其中运营主体风险 = 0 或 1，政策制度风险、市场需求、财务效益风险按风险等级通过 1～5 进行评估。

评分规则：max（100 - 政策制度风险×10 - 市场需求风险×10 - 运营主体风险×10 - 财务效益风险×10，0）。

五、投资风险综合指数

参考第四章指标赋权方法，并根据评分规则，可得到投资监管项目年度风险指数、年度分值：

综合得分 $S_j = \sum \omega_i S'_{ij}$。

式中　　S'_{ij}——第 j 年第 i 个指标得分。

则各年综合风险指数为：

综合风险指数 $Z'_j = 1 - \dfrac{S'_j}{100}$。

当综合风险指数<30%时，属于低风险；30%～80%时，属于中风险；>80%时，属于高风险。

第六章 以效率效益为中心的电网项目全景后评价应用及策略研究

第一节 以效率效益为中心的电网项目全景后评价应用

一、评价指标数据采集

按照第四章提出的后评价体系，结合整体、项目分项评价指标体系和基础数据收集渠道，各类指标基础数据具体收集渠道具体见表6-1和表6-2。建设效率类指标数据主要通过档案室归档资料采集，运行效率类指标数据主要通过年度诊断分析报告、网上电网采集，系统效益类指标数据主要通过网上电网、档案资料采集，安全效益类指标数据主要通过网上电网、全国年度供电可靠性报告采集，社会效益类指标数据主要通过网上电网、档案资料、地区年度投入产出表采集，经济效益类指标数据主要通过网上电网、诊断分析报告采集，环境效益类指标数据主要通过碳排放交易网、诊断分析、《中国电力行业年度发展报告》、生态环境部和国家统计局发布的电力二氧化碳排放因子采集。

表6-1 整体评价指标基础数据采集渠道

指标类型	采集渠道
运行效率类指标	网上电网、诊断分析报告
系统效益类指标	网上电网、档案资料 – 可研报告
安全效益类指标	网上电网、全国年度供电可靠性报告
社会效益类指标	网上电网、档案资料 – 财务决算报告、地区年度投入产出表
经济效益类指标	网上电网、诊断分析
环境效益类指标	碳排放交易网、诊断分析、《中国电力行业年度发展报告》、《生态环境部、国家统计局关于发布2021年电力二氧化碳排放因子的公告》

表 6-2　　　　　　　　　　　单项项目后评价指标基础数据采集渠道

指标类型	采集渠道
建设效率类指标	档案资料-可研、初设评审意见及批复文件、核准文件、财务决算报告
运行效率类指标	网上电网
系统效益类指标	网上电网、档案资料-可研报告
安全效益类指标	网上电网、全国年度供电可靠性报告
社会效益类指标	网上电网、档案资料-财务决算报告、地区年度投入产出表
经济效益类指标	网上电网、诊断分析
环境效益类指标	碳排放交易网、诊断分析、《中国电力行业年度发展报告》《生态环境部、国家统计局关于发布 2021 年电力二氧化碳排放因子的公告》

二、综合评价

1. 整体评价

基于第四章整体评价体系，采集某地区 2020~2023 年效率效益基础数据，经综合评价，2020~2023 年 500 千伏全网运行效率效益整体呈现上升趋势，2023 年受设备利用效率等的影响，整体效率效益得分较 2022 年降低。

（1）运行效率方面。2020~2022 年 500 千伏全网线路利用效率逐年提升，主变压器和线路最大负载率 2021 年均达到 60% 以上；2023 年受全年无长期高温影响，线路总体裕度偏大。

（2）系统效益方面。

1）促进网荷方面，2020~2022 年 500 千伏电网设备利用效率总体保持较为稳定的水平，未出现设备长时间重载情况，部分存在短期重载现象，主要受夏季高温负荷影响；对于周边负荷增长快速造成的重过载，已安排规划项目解决，对于短期重载、正常运行方式下未重过载的保持现状。2023 年受全年无长期高温影响，主变压器和线路轻载比例提升。

2）促进源网方面，单位变电容量支撑等效装机、单位线路长度支撑等效装机均保持在 0.6~0.7、0.7~0.8 区间内，未发生明显异常，较好地支撑了电源装机增长。

3）促进网间协调方面，500/220 千伏层间变电容量比维持在 0.7~0.8 区间内，未发生明显异常，上下级电网协调发展。

（3）安全效益方面。相对于行业非计划停运，2020~2023 年取得的减停损失效益分别为 12572.83 万元、11993.65 万元、17984.58 万元、8891.98 万元，供电可靠性进一步提升。

（4）经济效益方面。受 2020 年疫情和 2023 年气温影响，2020、2023 年增供电量小于 0，2021～2022 年单位投资增供电量分别为 14.28 元/千瓦时、36.53 元/千瓦时，增供效益显著。

（5）社会效益方面。

1）基础设施水平提升方面，该地区 2020～2023 年公用变电和线路增长率除 2021 年较高外，其余年份较为均衡，2021 年 500 千伏变电容载比处于合理范围。

2）社会稳定性提升方面，2020～2023 年该地区 500 千伏设备 $N-1$ 通过率/同塔双回线 $N-2$ 通过率均为 100%，无不满足的变压器和线路，不存在安全隐患情况。2020～2022 年 500 千伏平均单回线路长度逐年降低。随着该地区电网 500 千伏、220 千伏电网结构进一步加强与优化，电网电气联络更加紧密，同时由于部分新增发电机组的投产，导致该地区电网 500/220 千伏主网架部分枢纽变电站母线短路容量有较大幅度上升，电网三相、单相短路电流超标矛盾仍较突出。虽通过相关控制策略，将母线短路电流限制在其站内断路器的额定遮断电流以下，但部分 500 千伏变电站 220 千伏侧母线短路电流已经接近站内断路器的额定遮断电流。在电网规模快速增长的情况下，除调整运行方式和安装主变压器中性点小电抗外，仍需采取新的技术手段限制电网短路电流。

3）用能成本降低方面，整体 500 千伏线损率控制在 0.8% 左右，带来年均降损效益 88108.24 万元。

4）创造社会价值方面，按该地区投入产出表计算电网投资综合效应系数，500 千伏电网投资年均拉动社会投资 61.42 亿元，即 1 元投资撬动社会投资 1.59 元。

（6）环境效益方面。2020～2023 年因节能和清洁能源上网带来的碳减排成本分别为 80769.18 万元、211699.67 万元、335420.86 万元、469539.02 万元，节能减排效果显著。

从整体评价指标看，需加强解决设备重过载、缓解迎峰度夏供电压力、解决短路电流问题项目储备。

经各分项综合评价，500 千伏电网运行效率保持较高水平，均分达 90 分以上，系统效益和社会效益显著，均分达 80 分以上，并取得可观的环境效益，均分达 70 分以上。经济效益得分较低，主要为 2020、2023 年增供电量为负值影响，2022 年增供效益显著，得分达 90 分以上。2020～2023 年 500 千伏电网整体评价各分项得分情况如图 6-1 所示，2020～2023 年 500 千伏电网整体评价指标权重和得分见表 6-3。

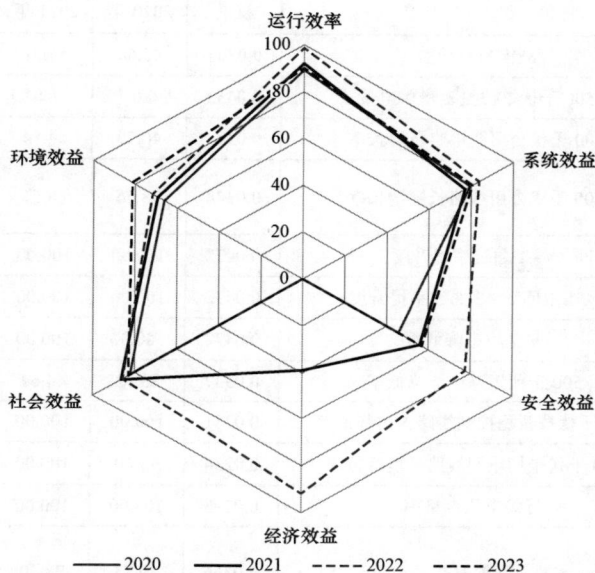

图6－1 2020～2023年500千伏电网整体评价各分项得分情况

表6－3 **2020～2023年500千伏电网整体评价指标权重和得分表**

评价层级			权重	2020 年	2021 年	2022 年	2023 年
运行效率		全网 500 千伏线路最大负载率	0.0401	100.00	100.00	100.00	100.00
		全网 500 千伏线路等效负载率	0.0401	89.64	94.44	94.60	60.32
		全网 500 千伏主变压器最大负载率	0.0401	100.00	100.00	100.00	100.00
		全网 500 千伏主变压器等效负载率	0.0401	67.52	73.80	100.00	100.00
系统效益	促进网荷协调	主变压器重过载比例降低率	0.0334	48.50	38.02	97.78	70.60
		线路重过载比例降低率	0.0334	66.22	56.52	65.98	100.00
		主变压器轻载比例降低率	0.0334	65.14	60.22	50.78	63.92
		线路轻载比例降低率	0.0334	55.88	61.90	55.16	9.88
	促进网源协调	单位变电容量支撑等效装机	0.0278	100.00	100.00	100.00	100.00
		单位线路长度支撑等效装机	0.0278	100.00	100.00	100.00	100.00
	促进网间协调	500/220 千伏层间变电容量比	0.0348	100.00	100.00	100.00	100.00
		改善网架结构贡献绩效	0.0435	100.00	100.00	100.00	100.00

评价层级			权重	2020 年	2021 年	2022 年	2023 年
安全效益		减停损失效益	0.0363	45.66	55.91	77.52	56.95
经济效益		500 千伏单位投资增供电量	0.0453	0.00	38.81	91.66	0.00
社会效益	基础设施水平提升	500 千伏公用变电容量增长率	0.0378	40.79	64.54	36.35	18.41
		500 千伏公用线路长度增长率	0.0378	98.96	88.51	99.20	95.70
	社会稳定性提升	$N-1$ 通过率提升度	0.0472	100.00	100.00	100.00	100.00
		同塔双回 $N-2$ 通过率提升度	0.0472	100.00	100.00	100.00	100.00
		安全隐患降低数	0.0472	100.00	100.00	100.00	100.00
		500 千伏短路电流降低率	0.0337	33.92	44.62	88.58	100.00
		500 千伏按暂稳控制线路占比降低率	0.0281	100.00	100.00	100.00	60.00
		500 千伏平均单回线路长度降低率	0.0234	93.60	100.00	61.60	79.00
		母线电压合格率	0.0293	100.00	100.00	100.00	100.00
	用能成本降低	降损效益	0.0366	79.73	78.40	79.20	79.58
	创造社会价值	带动社会投资	0.0457	55.88	73.39	68.37	68.37
环境效益		节能减碳成本	0.0381	79.73	78.40	79.20	79.58
		减排降碳成本	0.0381	52.50	59.99	64.15	83.20
合计			1	77.38	81.15	87.57	78.02

2. 单项评价

基于第四章整体评价体系，采集 2020～2023 年投产的 31 项 500 千伏输变电工程 2020～2023 年效率效益基础数据，其中满足新增负荷需求类项目 25 项，加强输电通道类项目 2 项，优化网架结构类项目 2 项，服务新能源项目 2 项，具体见表 6-4。

表 6-4 **2020～2023 年投产的 31 项 500 千伏输变电工程**

样本序号	单位名称	项目类型
1	A500 千伏输变电工程	满足用电需求
2	B500 千伏第三台主变压器扩建工程	满足用电需求
3	C500 千伏第二台主变压器扩建工程	满足用电需求

续表

样本序号	单位名称	项目类型
4	D500 千伏主变压器增容工程	满足用电需求
5	E500 千伏主变压器扩建工程	满足用电需求
6	F500 千伏输变电工程	满足用电需求
7	G500 千伏线路改造工程	加强输电通道
8	H500 千伏主变压器扩建工程	满足用电需求
9	I500 千伏输变电工程	满足用电需求
10	J500 千伏线路工程	优化网架结构
11	K500 千伏主变压器增容工程	满足用电需求
12	L500 千伏主变压器扩建工程	满足用电需求
13	M500 千伏输变电工程	优化网架结构
14	N500 千伏输变电工程	满足用电需求
15	O500 千伏主变压器扩建工程	满足用电需求
16	P500 千伏主变压器扩建工程	满足用电需求
17	Q500 千伏主变压器扩建工程	满足用电需求
18	R500 千伏输变电工程	满足用电需求
19	S500 千伏线路工程	加强输电通道
20	T500 千伏第二、三台主变压器扩建工程	满足用电需求
21	U500 千伏输变电工程	满足用电需求
22	V500 千伏主变压器扩建工程	满足用电需求
23	W500 千伏主变压器扩建工程	满足用电需求
24	X500 千伏主变压器扩建工程	满足用电需求
25	Y 海上风电柔性直流配套 500 千伏送出工程	服务新能源
26	Z500 千伏输变电工程	满足用电需求
27	AA500 千伏 6#主变压器扩建工程	满足用电需求
28	AB500 千伏输变电工程	满足用电需求
29	AC500 千伏输变电工程	满足用电需求
30	AD 海上风电配套 500 千伏送出工程	服务新能源
31	AE500 千伏输变电工程	满足用电需求

2020～2023 年建设效率、运行效率、系统效益、安全效益、社会效益、经济效益和环境效益等各层面评价如下：

（1）建设效率方面。

1）合规性方面，以核准及时性为指标表征。31 项工程中，除样本 3、10 可研批复滞后外，其余工程核准均在可研批复后、项目开工前，且项目开工在初设批复后。样本 3、10 均在可研批复前，较可研批复提前 125 天，需加强相关环节的合规性管控。

2）建设工期方面，以进度偏差率为指标表征。31 项工程实际较计划工期整体提前约 80 天，除样本 9、13、15、20、21、28 实际工期分别滞后于计划工期 95 天、30 天、463 天、140 天、19 天、25 天外，其余均未超期，且提前竣工投产。31 项 500 千伏工程建设工期偏差率如图 6-2 所示。工期滞后原因主要受停电计划安排和配合其他工程投运影响，样本 9 中线路工程为配合配套电源送出工程投运，提前开工，并分别于 2019 年 12 月和 2021 年 6 月投运；样本 13 原计划 2021 年 1 月投运，后由于电网调整停电计划平衡至 2021 年年底投运；样本 20 计划 2020 年 11 月竣工，后由于调度下达停电时间为 2022 年 3 月 15 日～4 月 7 日，实际开工时间和竣工时间均滞后于计划时间。

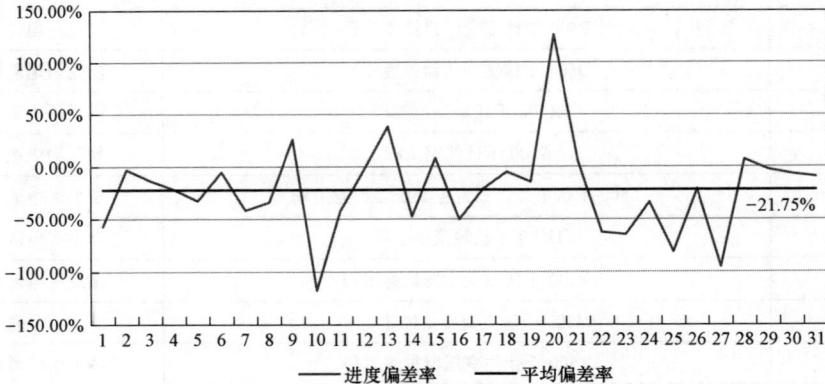

图 6-2　31 项 500 千伏工程建设工期偏差率

注：1～31 分别代表工程样本序号，下同。

3）资金利用效率方面，以投资结余率为指标表征。31 项工程平均投资结余率为 -10.75%，未发生超概现象，其中 2 项即 6.45% 的工程投资结余率落在（-5%，0），13 项即 41.94% 的工程投资结余率落在（-10%，-5%），15 项即 48.39% 的工程投资结余率落在（-20%，-10%），1 项即 3.23% 的工程投资结余率落在（-∞，-20%）。投资结余率最大的为样本 25，结余率为 -23.34%；投资结余率最小的为样本 12，结余率为 -4.22%。从各工程投资结余原因看，主要为设计量差、设备材料价下降和其他费用的结余。31 项 500 千伏工程投资结余率如图 6-3 所示。

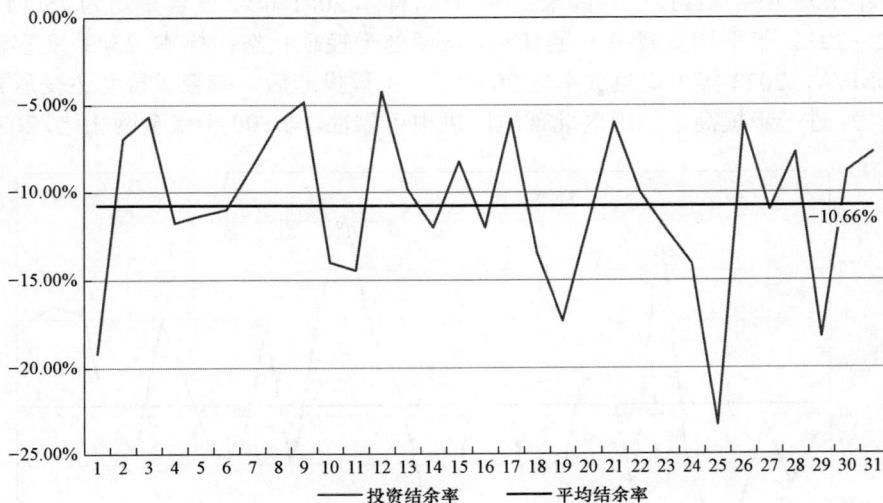

图 6-3 31 项 500 千伏工程投资结余率

4）资产形成效率方面，以转资及时率、工程转资率为指标表征。

5）转资及时率方面，31 项工程平均转资及时率为 2.11，即决算时间较规定定时间滞后约 6 个月，其中样本 4、5、11 在规定时间内完成决算工作，13 项即 41.94%的工程决算滞后在 6 个月内，9 项即 29.03%的工程决算滞后在 6～12 个月内，6 项即 19.35%的工程决算滞后在 12 个月以上，主要受结算提交滞后、结算费用争议等的影响。决算滞后较长的工程为样本 7、19，均滞后 18 个月以上，其中样本 7 受结算提交滞后的影响，结算报审时间为 2022 年 7 月 13 日，决算报审时间为 2022 年 10 月 24 日，竣工投产时间为 2020 年 11 月 8 日；样本 19 受费用争议、决算报审滞后等的影响，决算报审时间为 2023 年 6 月 14 日，结算报审时间为 2021 年 10 月 27 日，竣工投产时间为 2021 年 6 月 13 日。31 项 500 千伏工程转资及时率如图 6-4 所示。

6）工程转资率方面，31 项工程平均转资率为 90.77%，其中 15 项即 48.39%的工程转资率在 90%以下，15 项即 48.39%的工程转资率落在（90%，95%），1项即 3.23%的工程转资率落在（95%，100%）。转资率最大的为样本 7，转资率为 99.25%；转资率最小的为样本 16，转资率为 88.5%。31 项 500 千伏工程转资率如图 6-5 所示。

（2）运行效率方面。以设备利用效率和电能利用效率为指标表征。以主变压器、线路利用率为分析对象，2020～2023 年主变压器平均最大负载率为 52.86%

（见图 6-6），平均主变压器平均负载率为 20.72%（见图 6-7），其中部分主变压器各年平均负载率自投产后尚未达到 20%，样本 20#1 和#2 变容量均为 750MVA，2022～2023 年平均负载率不足 1%，长期处于轻载状态；样本 23#3 变容量为 1000MVA，2023 年平均负载率为 20.69%，工程投产后，减轻了现有主变压器供电压力，进一步提高了该地区北部电网供电可靠性。与 500 千伏全网相比，2020～

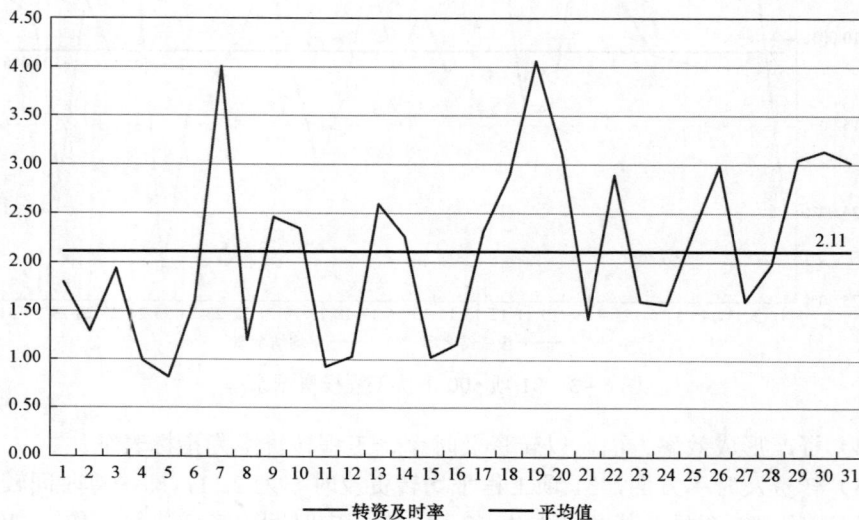

图 6-4　31 项 500 千伏工程转资及时率

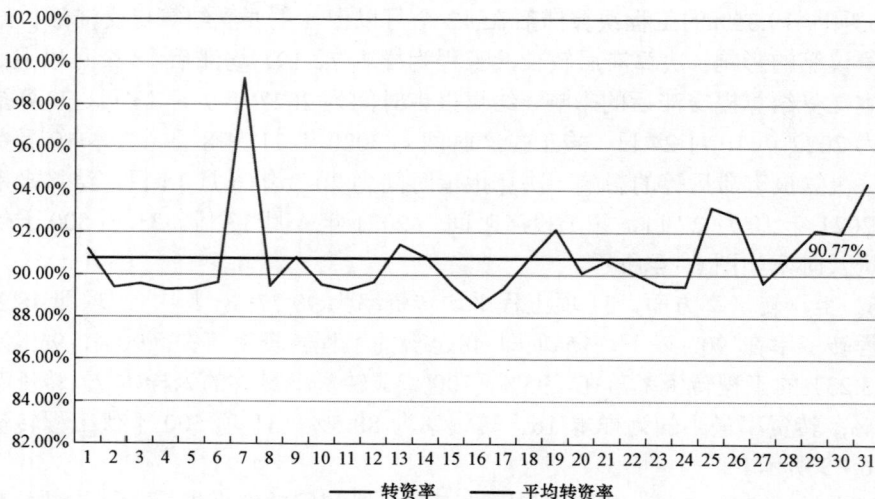

图 6-5　31 项 500 千伏工程转资率

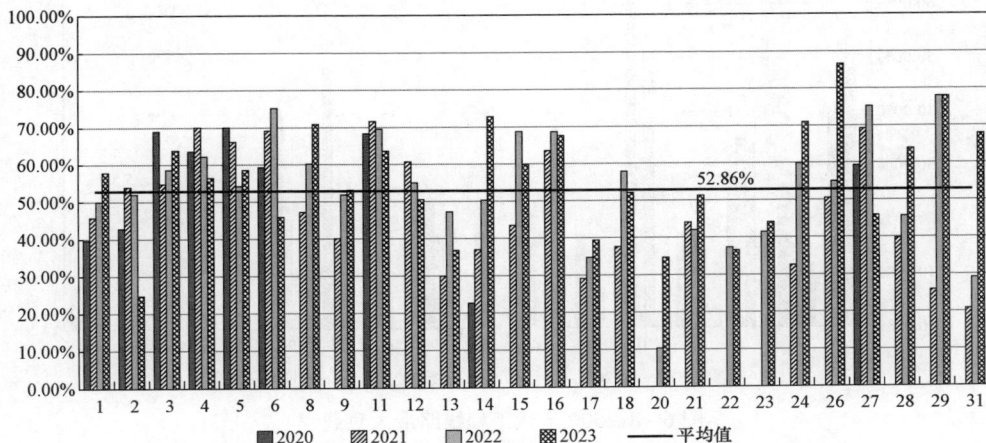

图 6-6　500 千伏工程主变压器最大负载率

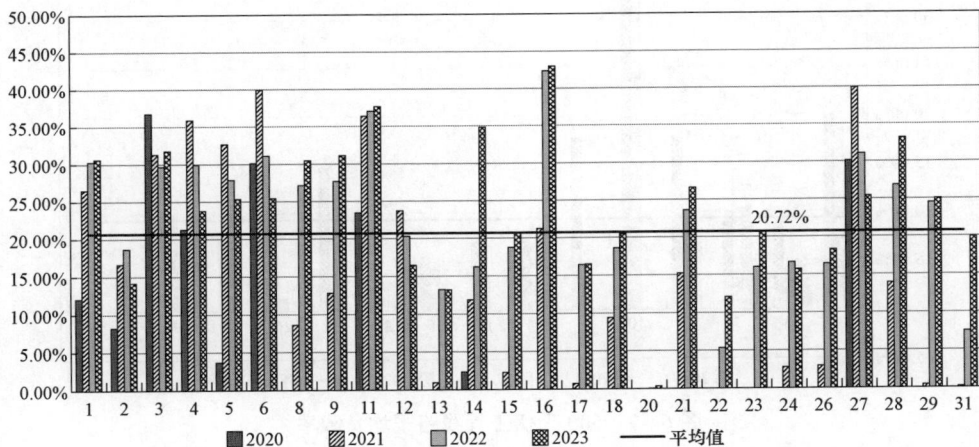

图 6-7　500 千伏工程主变压器平均负载率

2022 年新增项目 2023 年平均负载率为 23.56%，高于全网 500 千伏主变压器等效负载率（21.13%）。各主变压器平均负载率水平见表 6-5。2020～2023 年线路平均最大负载率为 25.56%（见图 6-8），平均线路平均负载率为 9.31%（见图 6-9），其中部分线路平均负载率不足 5%，其主要承担清洁能源输送任务。与 500 千伏全网相比，2020～2022 年新增项目 2023 年平均负载率为 9.31%，低于全网 500千伏线路等效负载率（15.08%），线路供电裕度较大。

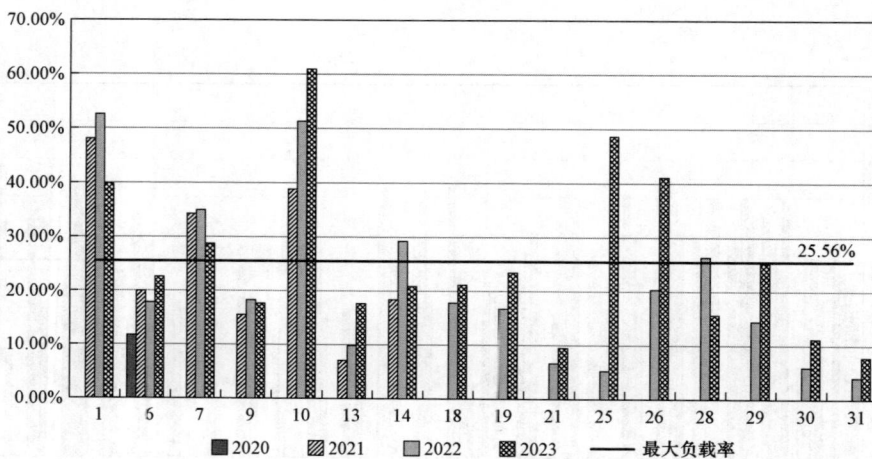

图 6-8　500 千伏工程线路最大负载率

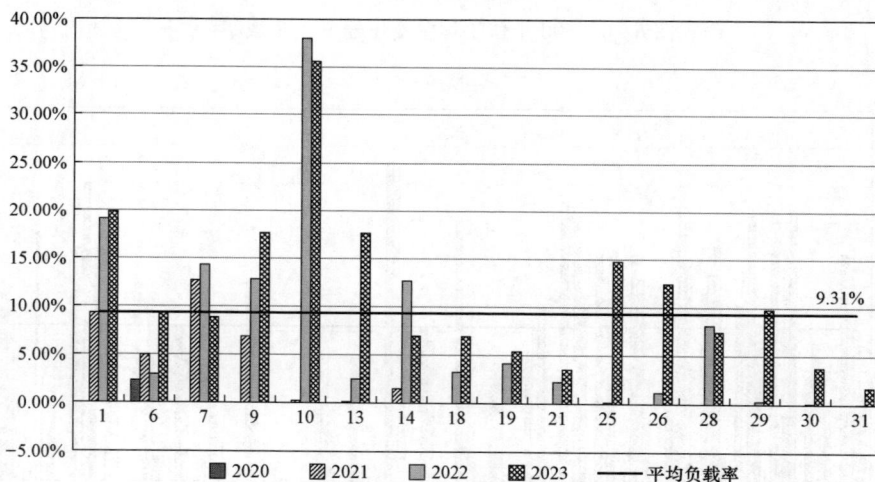

图 6-9　500 千伏工程线路平均负载率

表 6-5　各主变压器平均负载率水平

样本序号	主变压器名称	主变压器平均负载率				备注
		2020	2021	2022	2023	
1	1 号	12.01%	26.41%	30.20%	30.52%	
1	4 号	12.12%	26.65%	30.41%	30.75%	
2	3 号	8.25%	16.64%	18.66%	14.20%	●
3	4 号	36.75%	31.29%	29.68%	31.77%	

样本序号	主变压器名称	主变压器平均负载率				备注
		2020	2021	2022	2023	
4	1 号	24.71%	35.72%	29.81%	23.87%	
4	2 号	17.89%	35.99%	30.07%	23.64%	
5	4 号	3.67%	32.63%	27.89%	25.31%	
6	5 号	30.13%	39.89%	31.11%	25.39%	
8	6 号		8.62%	27.16%	30.46%	
9	1 号		12.85%	27.68%	31.09%	
9	3 号		12.79%	27.68%	31.15%	
11	2 号	26.07%	36.37%	36.54%	36.97%	
11	1 号	20.85%	36.31%	37.54%	38.33%	
12	3 号		23.69%	20.30%	16.45%	
13	4 号		0.93%	13.22%	13.20%	●
13	1 号		0.95%	13.23%	13.21%	●
14	1 号	2.38%	11.87%	16.23%	34.79%	
15	2 号		2.27%	18.75%	20.75%	
16	3 号		21.24%	42.36%	42.95%	
17	6 号	0.72%	16.44%	16.52%	17.03%	●
18	2 号		9.43%	18.59%	20.45%	
20	2 号			0.00%	0.30%	●●
20	1 号			0.01%	0.32%	●●
21	2 号		15.20%	23.52%	26.59%	
21	3 号		15.24%	23.65%	26.57%	
22	3 号		0.00%	5.34%	12.07%	●
23	3 号			16.02%	20.69%	
24	3 号		2.84%	16.68%	16.07%	●
24	4 号		2.72%	16.59%	15.43%	●
26	2 号		2.97%	16.46%	18.55%	
26	1 号		2.92%	16.39%	18.02%	
27	6 号			19.11%	28.10%	
28	2 号		9.27%	16.98%	24.80%	
28	3 号		18.53%	36.68%	41.49%	
29	3 号		0.42%	24.48%	25.04%	
31	2 号		0.18%	7.49%	19.94%	●

注 ●表示投产后 2 年及以上平均负载率未达 20%的工程；●●表示投产后 2 年及以上平均负载率未达 10%的工程。

（3）系统效益方面。以实现系统功能定位目标为指标表征。从工程预期目标实现度看，基本实现工程可研目标。

（4）安全效益方面。以减停损失效益为指标表征，表征新增项目非计划停运时间低于行业水平而取得的减停损失效益。由于新增项目未发生非计划停运，因此减停损失效益主要与工程输送电量相关。工程平均减停损失效益达到 224.69 万元（见图 6－10）。

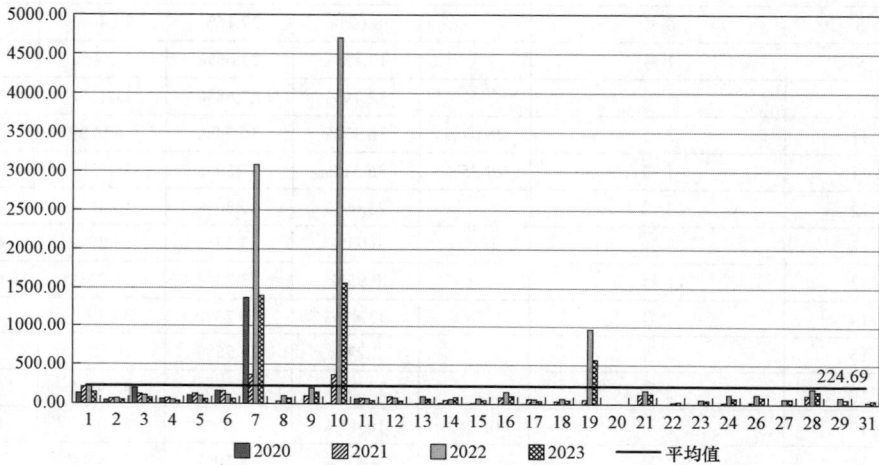

图 6－10　500 千伏工程减停损失效益

（5）社会效益方面。从基础设施水平提升、社会稳定性提升、用能成本降低和创造社会价值方面评价，以新增输电能力、新增主变压器容量占比、新增线路长度占比、$N-1$ 通过率提升度、同塔双回 $N-2$ 通过率提升度、改善网架结构贡献绩效、500 千伏单回线路平均长度、母线电压合格率、电网安全事故发生次数、降损效益、带动社会投资为指标表征。

1）基础设施水平提升方面，31 项新增项目合计新增主变压器容量 18500MVA，新增线路长度 1109.382 公里，线路工程的投产进一步提升了输电能力；

2）社会稳定性提升方面，2020～2022 年新增项目投产前，500 千伏设备 $N-1$ 通过率/同塔双回线 $N-2$ 通过率均为 100%，新增项目投产后进一步完善了 500 千伏主网架和区域 220 千伏网架，提高了区域供电能力和供电可靠性，未发生电网安全事故；

3）用能成本降低方面，新增项目 500 千伏主变压器、线路线损率基本控制在 1% 以内，带来年均降损效益 1841.97 万元（见图 6－11）。

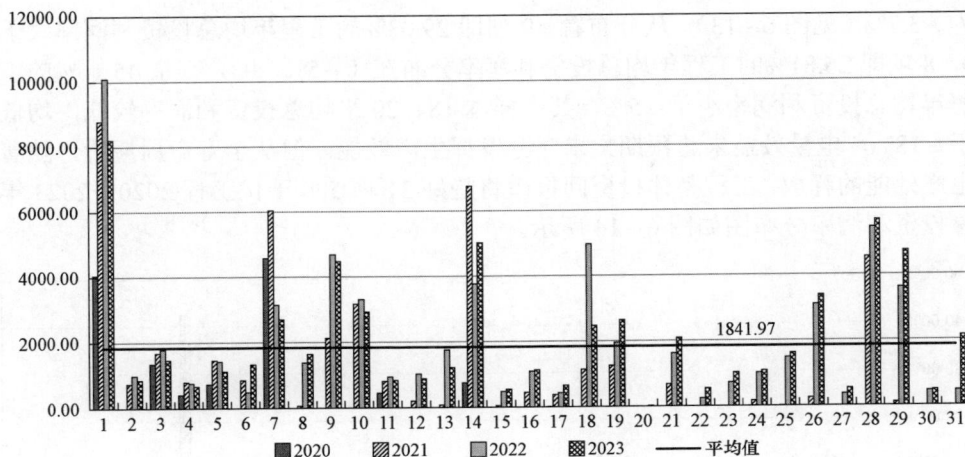

图 6-11 31 项 500 千伏工程降损效益

4）创造社会价值方面，电网投资能够带动上下游及相关产业发展，拉动区域经济投资，按该地区投入产出表计算电网投资综合效应系数测算，1 元电网投资撬动社会投资 1.59 元，新增项目 500 千伏电网投资平均拉动社会投资 44756.78 万元（见图 6-12）。

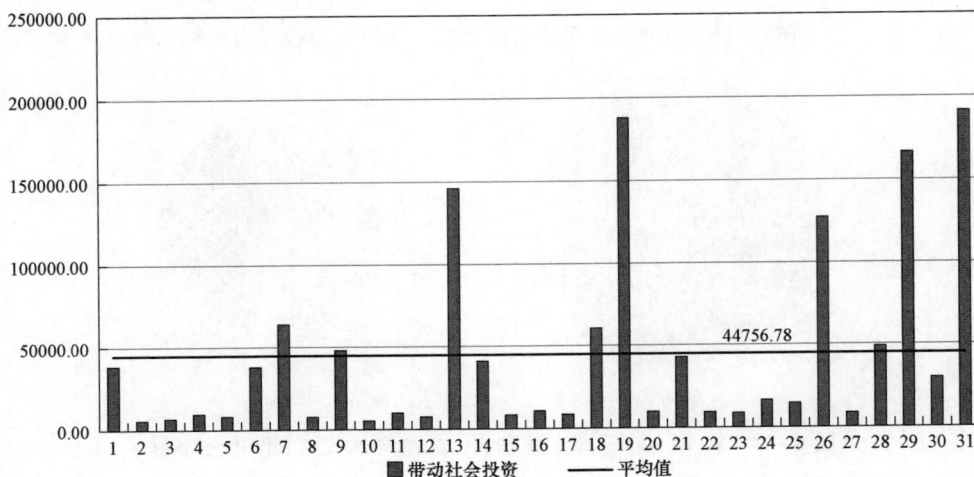

图 6-12 31 项 500 千伏工程带动社会投资

5）其他方面，两项海风配套线路送出工程，配套送出工程建设及时，未发生影响电能质量考核事件和弃风率。

（6）经济效益方面。31 项新增项目 2020～2023 年平均总投资利润率为−3.7%（见图 6−13）。从分布看，9 项即 29.03%的工程年均总投资利润率大于0，8 项即 25.81%的工程年均总投资利润率分布在（−5%，0），其余 45.16%的工程年均总投资利润率小于−5%，其中样本 18、20 平均总投资利润率较低，均低于−18%，电量效益未达预期，未充分发挥生产效能。但从全寿命周期看，随着生产效能的释放，工程整体投资回报率将趋好 31 项 500 千伏工程 2020～2023 年总投资利润率分布图如图 6−14 所示。

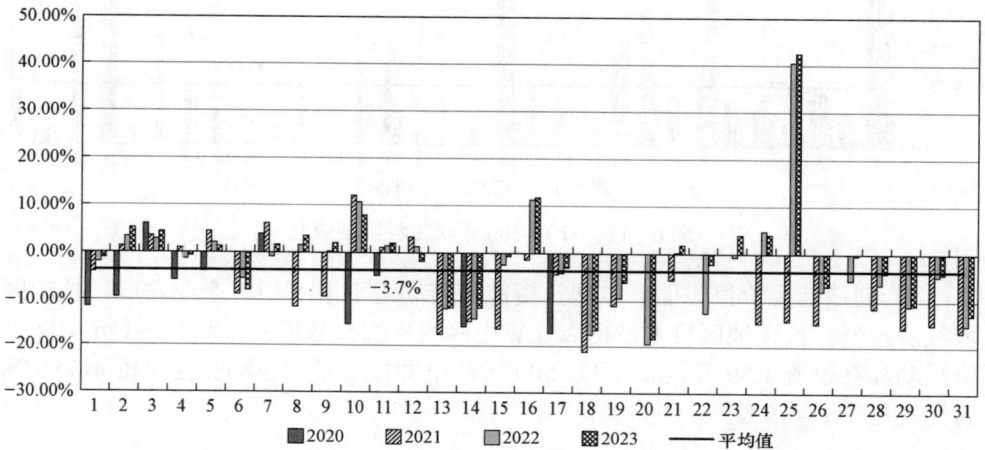

图 6−13　31 项 500 千伏工程 2020～2023 年总投资利润率

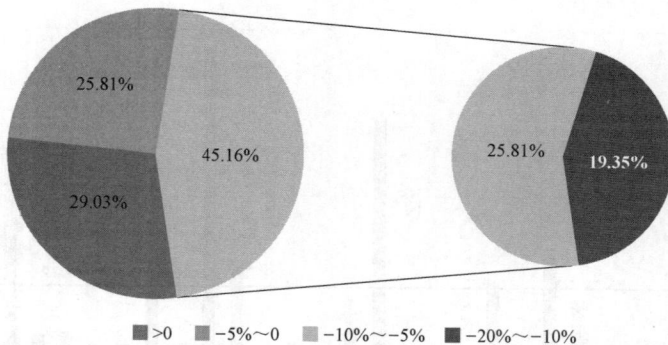

图 6−14　31 项 500 千伏工程 2020～2023 年总投资利润率分布图

（7）环境效益方面。31 项新增项目 2020～2023 年平均减碳成本为 493.06 万元（见图 6−15），两项海风配套送出工程环境效益显著，2021～2023 年因节能和清洁能源上网带来的碳减排成本分别为 159.95 万元、13246.66 万元、16953.06万元，节能减排效果显著。

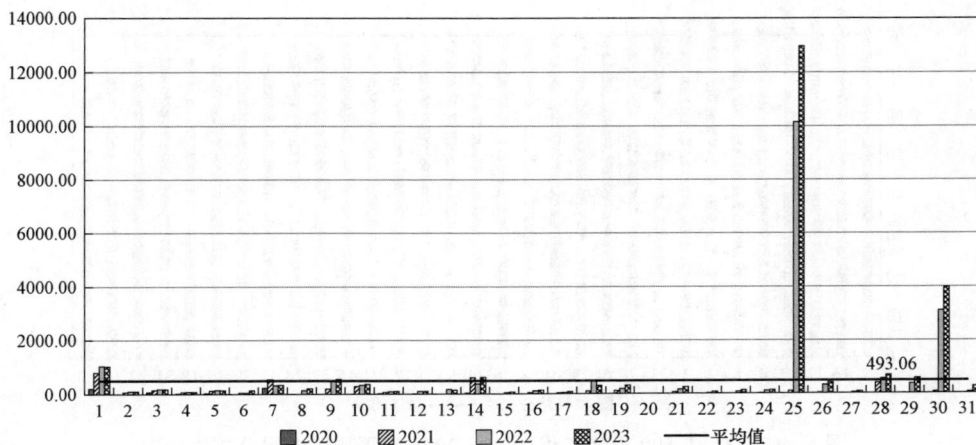

图6-15 31项500千伏工程环境效益

经综合评价，2020～2023年新增500千伏项目均分约为80分，其中效率效益最高分为样本5，最低为样本20（见图6-16和图6-17）。

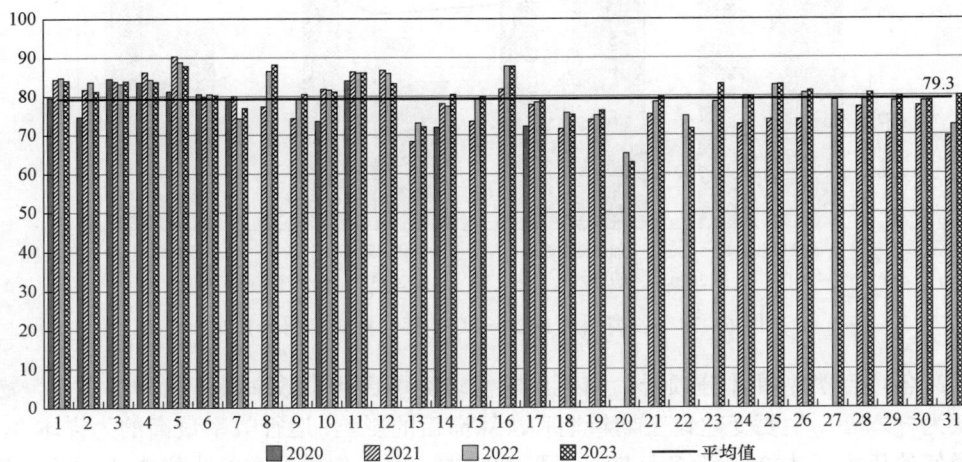

图6-16 31项500千伏工程2020～2023年综合得分情况

各项目类型中，效率效益最高分为满足用电需求类项目，其次分别为服务新能源类、加强输电通道和优化网架结构类（见图6-18）。除加强输电通道类项目，其余类型项目各年效率效益总体呈增长趋势。

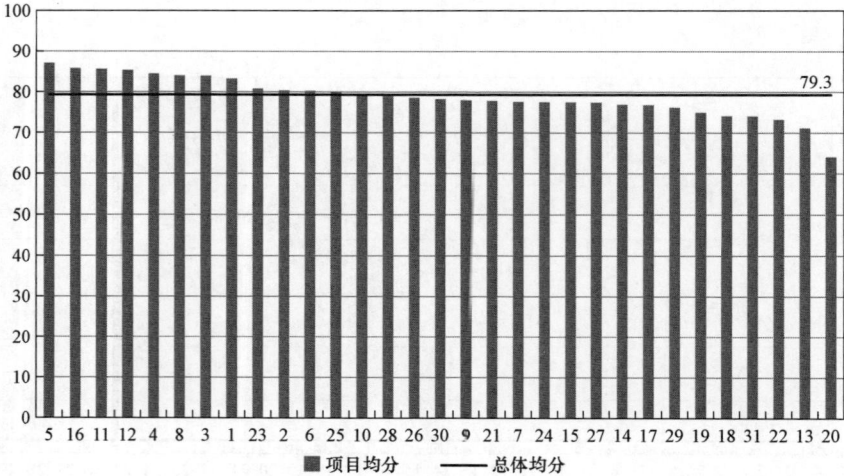

图 6-17　31 项 500 千伏工程 2020～2023 年平均综合得分排序情况

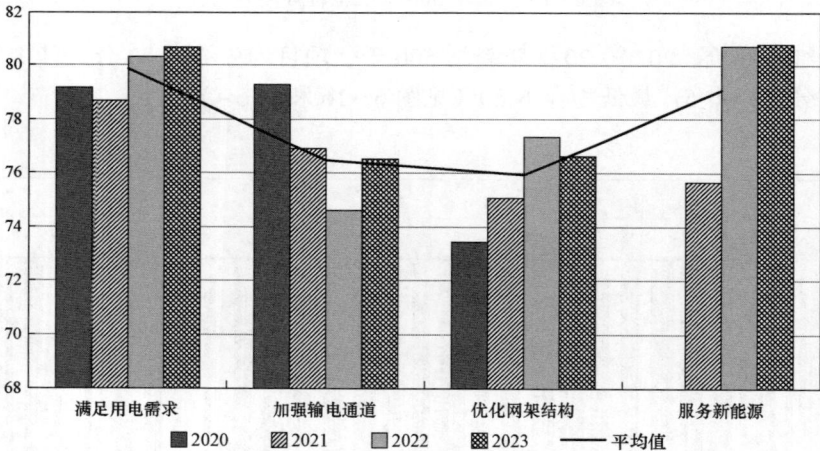

图 6-18　各类项目 2020～2023 年平均综合得分情况

　　各项目类型具体分项看，满足用电需求类项目建设效率最高的为样本 5，最低为样本 20，主要受建设工期超期和决算滞后的影响；运行效率最高的为样本 3，最低的仍为样本 20，设备长期处于轻载状态；安全效益最高的为样本 3，最低的为样本 20，主要为投产后未明显改善缺电损失，电量较低；经济效益最高的为样本 3，最低的为样本 20，主要由于 220 千伏配套出线未能及时投产导致设备利用率低，未发挥电量效益；社会效益最高的为样本 21，最低的为样本 20；环境效益最高的为样本 6，最低的为样本 18，主要由于线损电量相对较高而带来的节能减排效益相对较低。满足负荷需求类项目 2020～2023 年各分项得分情况如图 6－19 所示。

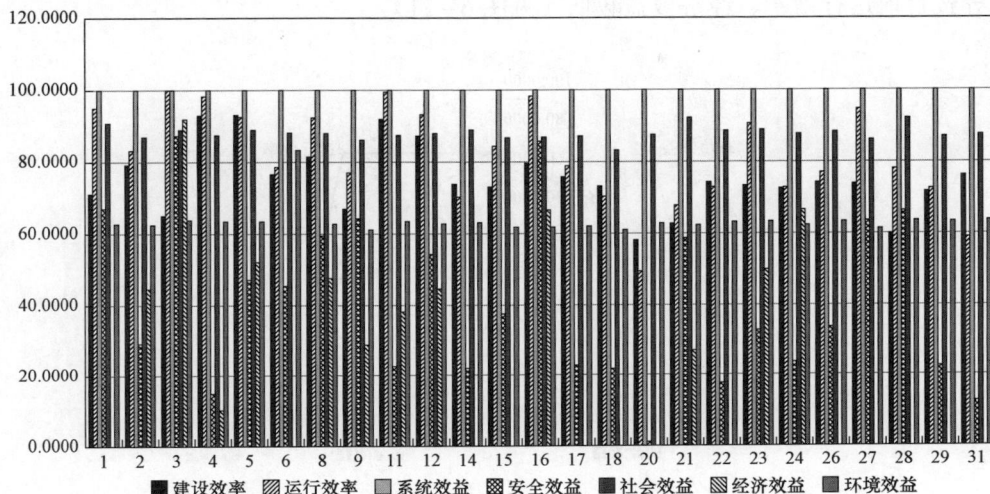

图 6－19 满足负荷需求类项目 2020～2023 年各分项得分情况

加强输电通道类项目中，除社会环境效益外，样本 7 建设效率、运行效率、安全效益和经济效益均高于样本 19。样本 19 目前设备利用率仍待提升，运行效率、经济效益等得分较低（见图 6－20）。

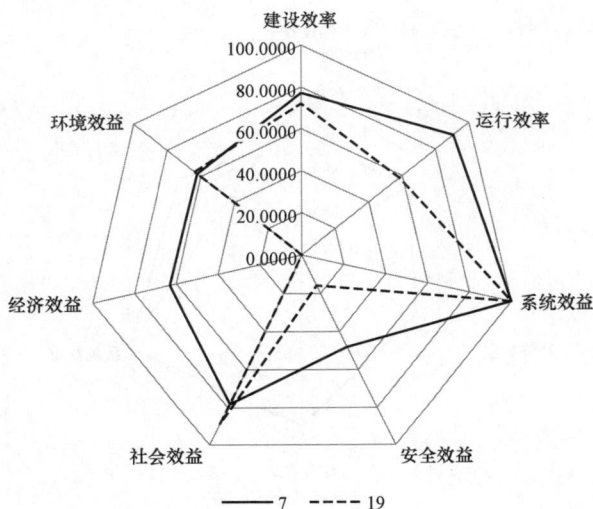

图 6－20 加强输电通道类项目 2020～2023 年各分项得分情况

优化网架结构类项目中，由于可研批复滞后于核准、决算严重滞后，导致样本 10 建设效率较低；样本 13 主要为加强 500 千伏城市网架，当前电量效益较低，导致目前运行效率、经济效益较低（见图 6-21）。

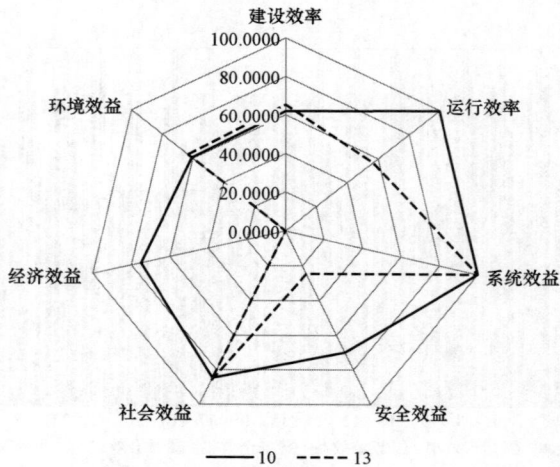

图 6-21　优化网架结构类项目 2020～2023 年各分项得分情况

服务新能源类项目中，由于资金利用效率较低、决算严重滞后，导致样本 25 建设效率较低；样本 30 主要为输送清洁能源，当前线路利用率较低，导致经济效益较低（见图 6-22）。

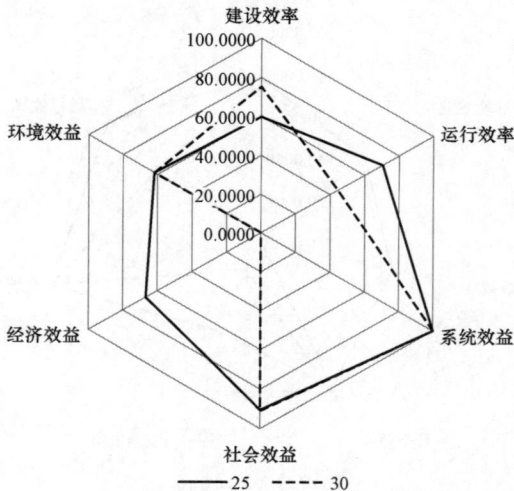

图 6-22　服务新能源类项目 2020～2023 年各分项得分情况

三、专项评价

基于投资规模、基础资料等考虑，选取样本 28 作为评价对象，根据第五章投资监管专项评价体系，分析工程投资风险指数。

查阅工程建设过程和运行资料，评估得到表 6-6 投资风险评估表。

投资方向方面，工程投资方向符合国家能源储运投资设施建设发展战略和"十四五"央企发展规划纲要以及企业电网发展战略规划。工程建设符合国家产业政策和节能要求。工程投产提升了该地区 500 千伏主网自特高压电网的受电能力，满足地区用电需求增长，提高地区电网供电能力和供电可靠性。

投资程序方面，基于相关决策和建设程序规定和要求，查阅工程决策和建设程序资料，除结算和决算完成滞后外（工程 2021 年 12 月竣工投产，结算和决算报审时间分别为 2022 年 9 月和 12 月），工程建设程序合规。

投资回报方面，工程投资回报率为 1.04%，大于 0；主变压器最大负载率和平均负载率逐年提升。

投资风险方面，工程前期对站址、选线进行了比选，并对工程建设过程中"四控"等设置了预期目标，制定了管控措施；但财务效益评估时未开展敏感性分析和风险评估，未对评价相关参数进行详细说明。工程"四控"良好，未发生超期、超支风险，质量、安全受控；未发生非计划停运和电网安全事故；环保、水保于 2022 年 7 月通过验收，略微滞后于规定的工程投产后半年内完成验收期限；工程投产实现预期功能目标，但后续输配电价改革政策风险将对工程全寿命周期效益产生一定影响。

样本 28 投资风险评估得分见表 6-7。经综合评估，工程投资风险指数 2021~2023 年分别为 0.15、0.16、0.13，低于 30%，属于低风险。工程投资风险可控。

表 6-6		样本 28 投资风险评估表	
指标名称	指标定义	指标计算公式	评估
投资方向：一是是否符合国家战略目标，项目是否具有战略价值；二是对公司战略规划的影响，评估项目投资对公司规划的影响			
符合战略目标和产业政策	评价项目是否符合国家战略目标和产业政策，是否服务国家战略目标实施和服务地方社会经济发展	符合战略目标和产业政策=0 或 1，其中是为 1，否为 0	投资方向符合国家能源储运投资设施建设发展战略和"十四五"央企发展规划纲要以及企业电网发展战略规划。符合国家产业政策和节能要求
项目战略规划水平	评价项目对于公司整体战略规划的影响	服务公司战略规划=基于对公司电网发展规划的影响程度，按 1~5 进行评估	提升地区 500 千伏主网自特高压电网的受电能力，满足地区用电需求增长，提高地区电网供电能力和供电可靠性

续表

指标名称	指标定义	指标计算公式	评估
投资程序：一是评估资料是否合规；二是评估决策建设程序是否合规			
资料合规性	评价项目从可研到项目开工前各阶段资料是否齐全	资料合规性=依据资料完整性按 0～5 进行评估，其中全部齐全为 5，资料缺失、合同签章不完整等的依据缺失程度、不完整性依序评估，较为齐全为 4～5，部分齐全为 2～3，仅少部分齐全为 1，完全不齐全为 0	查阅工程归档资料，工程资料较为齐全
程序合规性	评价项目从可研到项目开工前各阶段决策程序是否符合时序要求，是否符合节点要求	程序合规性=0.6×时序合规性+0.4×节点合规性，基于相关决策程序规定和要求按 0～5 进行评估，其中时序、节点完全合规为 5，大部分合规为 4～5，部分合规为 2～3（可研批复滞后于核准，初设批复滞后于施工和监理招标、开工日期，不动产权证、规划许可证、施工许可证未在开工前取得等关键程序不符合，其他符合的归为此档），仅少部分合规为 1，完全不合规为 0	基于相关决策和建设程序规定和要求，查阅工程决策和建设程序资料，除结算和决算完成滞后外（工程 2021 年 12 月竣工投产，结算和决算报审时间分别为 2022 年 9 月和 12 月），工程建设程序合规
投资回报：评估项目投资回报率和设备利用率情况			
投资回报率	项目全寿命周期年均利润与总投资比率	投资回报率=∑（售电收入−总成本−城市建设维护税及教育费附加）/项目全寿命周期/总投资	工程投资回报率为 1.04%
主变压器最大负载率	主变压器年最大有功功率与额定容量比值，反映主变压器的利用效率	主变压器最大负载率=主变压器年最大负荷/额定主变压器容量×100%	2 号：2021～2023 年分别为 26.47%、37.84%、56.64%； 3 号：2021～2023 年分别为 52.94%、54.84%、72.43%
线路最大负载率	线路年最大有功功率与线路输送容量比值，反映输电线路的利用效率	线路最大负载率=线路最大负荷/输送容量×100%	线路 1：2021～2023 年分别为 43.72%、0、21.44%； 线路 2：2021～2023 年分别为 43.63%、0、21.55%； 线路 3：2021～2023 年分别为 9.82%、31.75%、33.89%； 线路 4：2021～2023 年分别为 9.94%、31.68%、33.72%
主变压器平均负载率	主变压器年均有功功率与额定容量比值，反映主变压器的年均利用效率	主变压器平均负载率=（主变压器年下网电量＋主变压器年上网电量）/（额定主变压器容量×8760）×100%	2 号：2021～2023 年分别为 16.91%、16.95%、24.75%； 3 号：2021～2023 年分别为 33.82%、36.61%、41.41%
线路平均负载率	线路年均有功功率与线路输送容量比值，反映输电线路的年均利用效率	线路平均负载率=（正向输送电量＋反向输送电量）/（输送容量×8760）×100%	线路 1：2021～2023 年分别为 16.17%、0、6.74%； 线路 2：2021～2023 年分别为 16%、0、6.7%； 线路 3：2021～2023 年分别为 4.36%、15.13%、11.54%； 线路 4：2021～2023 年分别为 4.15%、14.75%、11.17%

指标名称	指标定义	指标计算公式	评估
投资风险：评估前期可研风险措施制定情况、"四控"风险、运行可靠性风险、环保水保管控风险、未达预期目标和项目可持续性风险			
前期预控	评价项目在前期可研阶段是否制定各项风险预控措施	前期预控 = 站址预控 + 选线预控 + 财务效益预控 + 建设预控，制定风险管控措施的为 0，未制定的为 1	工程前期对站址、选线进行了比选，并对工程建设过程中"四控"等设置了预期目标，制定了管控措施；但财务效益评估时未开展敏感性分析和风险评估，未对评价相关参数进行详细说明
过程"四控"	评价项目在进度、质量、安全和投资控制中是否实现预定目标，是否存在超期风险、质量和安全风险、超预算风险	过程"四控" = 进度控制 + 质量控制 + 安全控制 + 投资控制，其中进度控制、质量控制、安全控制、投资控制 = 0 或 1，存在超期、质量和安全风险、超预算的为 1，否则为 0	工程未超期，工期整体缩短 3 月；实现质量、安全预期目标，投资结余率为 7.73%，实现预期投资管控目标
线路非计划停运频次	反映每百公里线路非计划停运次数，评估项目投运线路供电可靠性水平	线路非计划停运频次 = 线路非计划停运次数/（100×线路长度）	2020～2023 年未发生非计划停运
变压器非计划停运频次	反映每百台主变压器非计划停运次数，评估项目投运主变压器供电可靠性水平	变压器非计划停运频次 = 变压器非计划停运次数/（100×主变压器台数）	2020～2023 年未发生非计划停运
电网安全事故发生次数	反映项目运行过程中发生电网、设备事故次数，评估项目投运供电安全可靠性水平	电网安全事故发生次数 = 统计项目发生电网安全事故次数	2020～2023 年未发生安全事故
环保水保风险	评价项目是否及时获得环保、水保验收批复，未取得的项目是否存在环境污染风险	环保水保风险 = 0.6×环保、水保验收批复及时性 + 0.4×环境污染风险，其中环保、水保验收批复及时性 = 0、0.8、1，及时取得为 1，取得但滞后为 0.8，未取得则为 0；环境污染风险 = 0 或 1	环保、水保于 2022 年 7 月通过验收。按相关规定，工程环保、水保验收应在工程竣工投产后半年内完成验收，工程环保、水保验收略滞后
预期目标实现风险	对照项目可研预期目标，评价项目是否实现预期目标	预期目标实现风险 = 预期目标实现数/预期目标数，80%及以上未实现为高风险，30%～80%未实现为中风险，30%及以下实现为低风险，全部实现为无风险	工程主要满足地区电网负荷增长、缓解该地区现有 500 千伏主变压器供电压力，提高该地区 220 千伏电网供电可靠性；便于该地区电网进一步分层分区，确保 220 千伏电网短路电流可控；同时适度超前，利用规划保护日益紧张的站址和通道资源。工程投产后，新增供电能力 2000MW，进一步缓解了该地区 500 千伏变电站供电压力，同时为该地区 220 千伏电网提供了电源点，提高了该地区 220 千伏电网供电可靠性

续表

指标名称	指标定义	指标计算公式	评估
项目可持续性风险	评价项目可持续性风险，包含政策制度、市场需求、运营主体、财务效益风险	项目可持续性风险 = 政策制度风险 + 市场需求风险 + 运营主体风险 + 财务效益风险，其中运营主体风险=0 或 1，政策制度风险、市场需求、财务效益风险按风险等级通过 1～5 进行评估	工程运营主体稳定，无风险；财务效益受政策、市场需求影响，政策制度主要关联较大的为输配电价改革政策；工程主要满足地区用电需求，该地区经济和用电负荷增速保持总体平稳，市场需求波动风险较小

表 6—7   **样本 28 投资风险评估得分表**

指标名称	基础得分			权重	加权得分		
	2021 年	2022 年	2023 年		2021 年	2022 年	2023 年
投资方向：一是是否符合国家战略目标，项目是否具有战略价值；二是对公司战略规划的影响，评估项目投资对公司规划的影响							
符合战略目标和产业政策	100	100	100	0.0766	7.66	7.66	7.66
项目战略规划水平	100	100	100	0.0638	6.38	6.38	6.38
投资程序：一是评估资料是否合规；二是评估决策建设程序是否合规							
资料合规性	90	90	90	0.0399	3.59	3.59	3.59
程序合规性	90	90	90	0.0498	4.49	4.49	4.49
投资回报：评估项目投资回报率和设备利用率情况							
投资回报率	40.8	40.8	40.8	0.0623	2.54	2.54	2.54
主变压器最大负载率	83.09	97.3	100	0.0519	4.31	5.05	5.19
线路最大负载率	62.35	39.64	69.13	0.0519	3.24	2.06	3.59
主变压器平均负载率	83.82	83.9	99.5	0.0649	5.44	5.44	6.46
线路平均负载率	40.68	29.88	36.15	0.0649	2.64	1.94	2.35
投资风险：评估前期可研风险措施制定情况、"四控"风险、运行可靠性风险、环保水保管控风险、未达预期目标和项目可持续性风险							
前期预控	75	75	75	0.0541	4.06	4.06	4.06
过程"四控"	100	100	100	0.0451	4.51	4.51	4.51
线路非计划停运频次	100	100	100	0.0563	5.63	5.63	5.63
变压器非计划停运频次	100	100	100	0.0563	5.63	5.63	5.63
电网安全事故发生次数	100	100	100	0.0704	7.04	7.04	7.04
环保、水保风险	88	88	88	0.0503	4.43	4.43	4.43
预期目标实现风险	100	100	100	0.0629	6.29	6.29	6.29
项目可持续性风险	90	90	90	0.0541	7.07	7.07	7.07
风险指数					0.15	0.16	0.13

第二节　投　资　策　略

一、效率效益影响因素

在高质量发展和输配电价改革背景下，电网投资效率效益是政府部门监管重点。提升电网投资效率效益是促进电网高质量发展、适应输配电价改革的基本遵循。按照以效率效益为中心的全景后评价体系，投资效率效益细分建设效率、运行效率、系统效益、安全效益、经济效益、社会效益、环境效益，为提升效率效益，有必要从源头识别影响因素，从而针对性制定策略。

（1）建设效率。主要包含建设工期效率、资金利用效率、资产形成效率等，其中影响建设工期效率的因素一般包含停电计划影响、配合其他工程投产、配套电源建设滞后、规划调整、外部阻工、不可抗力、其他如设计原因等；影响资金利用效率即投资结余率高的因素一般包含勘察设计深度不足、设备材料价格下降、建场费收资深度不足、其他费用结余，或超支的因素一般包含勘察设计深度不足、原材料价格上涨、外部条件变更调整等；影响资产形成效率的因素一般包含内外部管控问题等，由于结算滞后、费用争议、内部相关部门配合问题、外部单位报送滞后等导致决算滞后。此外，合规性是保障电网建设顺利进行的基础，影响合规性最主要的是核准是否及时，是否存在可研批复滞后于核准日期、核准滞后于开工日期，影响因素一般包含外部审批流程、内部节点管控和方案变化等，由于审批流程和内部节点管控问题、方案调整等导致前期程序合规性存在问题。

通过对投产的 500 千伏输变电工程建设效率问题的梳理，主要存在部分工程投资结余率高、可研批复滞后于核准日期、建设工期超期等共性问题，主要受设计量差、设备费和其他费用结余，核准审核流程长，外部阻工等的影响。当前输配电价改革背景下，有效资产是支撑输配电价核价的重要基础，而合规性是保障有效资产和投资效益的前提条件，提升投资合规性管理水平，将有效保障有效资产水平。同时，投资结余率反映资金利用效率，结余率过高将影响核价基础的投资规模水平。此外，监管周期内无法按期建成投运的，不得计入预计新增输配电固定资产投资额，建设工期同样影响输配电价核价水平。因此，在建设过程中，有必要进一步提升电网建设效率，降低投资风险，保障电网有效资产水平，从而提升投资效益。

（2）运行效率。一般包含设备利用效率和电能利用效率，其中设备利用效率是最主要表征。影响设备利用效率的因素一般包含运行方式调整、配套出线规模、供电区域产业规划和经济发展情况、用电负荷需求、供电容量等。通过对投产的500 千伏输变电工程设备利用效率问题的梳理，主要存在部分主变压器或线路轻载、部分主变压器短期性重载，主要受电力电量未达预期、无长期高温、短时升压功率大等的影响。

影响效率因素的鱼骨图分析如图 6-23 所示。

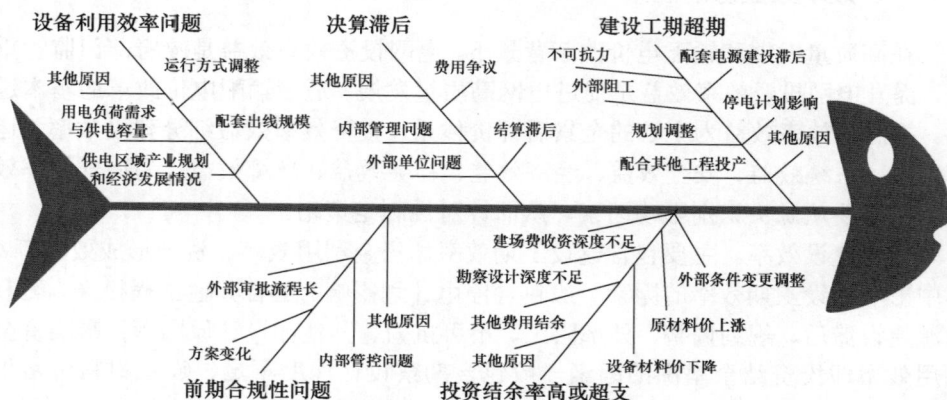

图 6-23　影响效率因素的鱼骨图分析

（3）系统效益。主要评估工程投产后是否实现可研预定的系统功能定位目标，主要受前期决策论证、网架变化、外部条件变化等的影响。通过对投产的 500千伏输变电工程系统效益的梳理，各工程投产后基本实现原定可研目标，实现了工程在电网系统中的功能定位。

（4）安全效益。主要评估工程投产后非计划停运相对于行业水平减少带来的减停损失效益增加值，主要受设备可靠性水平、供电量水平等的影响。通过对投产的 500 千伏输变电工程安全效益的梳理，各工程投产后均未发生非计划停运，受不同工程电量水平影响，部分工程效益水平较低，但对于满足负荷需求类项目，仍一定程度实现了改善缺电损失效益。

（5）经济效益。主要评估工程投产后至后评价时点内的总投资利润率以及全寿命周期的投资回报率水平，一般受成本费用和电量、电价等的影响，其中成本费用包含初始投资、运维费用、折旧费、财务费用等；电价为政府核定，主要受资产规模、单位电量资产水平等的影响。通过对投产的 500 千伏输变电工程经济效益的梳理，各工程投产后，受投产初期电量水平影响，投产后至评价时点内的总投资利润率不高，部分为负值，实现部分年份正值的大部分为满足负荷需求类项目如主变压器扩建增容和服务新能源送出等，但在全寿命周期内，随着生产效能的释放，80%以上投资回报率实现正值。

（6）社会效益。主要评估工程投产带来的基础设施水平提升、社会稳定性提升、用能成本降低和拉动社会投资带来的社会价值贡献。基础设施水平提升主要由于新增输电能力、新增线路长度和主变压器容量等带来的对电网基础设施水平的提升，受主变压器和线路新建和改造规模的影响；社会稳定性提升主要由于网架结构更加坚强、电网更加安全稳定运行带来的对社会稳定性的提升，受供电安全可靠性提升等的影响；用能成本降低主要由于节能降损带来的供电经济性提升，受线损率等的影响；拉动社会投资主要由于电网投资的中长期效应，将拉动上下游和相关产业投资，主要受电网投资规模和电网投资综合效应的影响。通过对投产的 500 千伏输变电工程社会效益的梳理，各工程投产后社会效益显著，年均得分均在 80 分以上。

（7）环境效益。主要评估工程节能降损和清洁能源上网带来的碳减排效益，主要受线损电量、清洁能源发电量、区域电网碳排放因子、电力碳排放因子和碳市场综合价等的影响。通过对投产的 500 千伏输变电工程环境效益的梳理，各工程投产后均取得一定的环境效益。

影响效益因素的鱼骨图分析如图 6-24 所示。

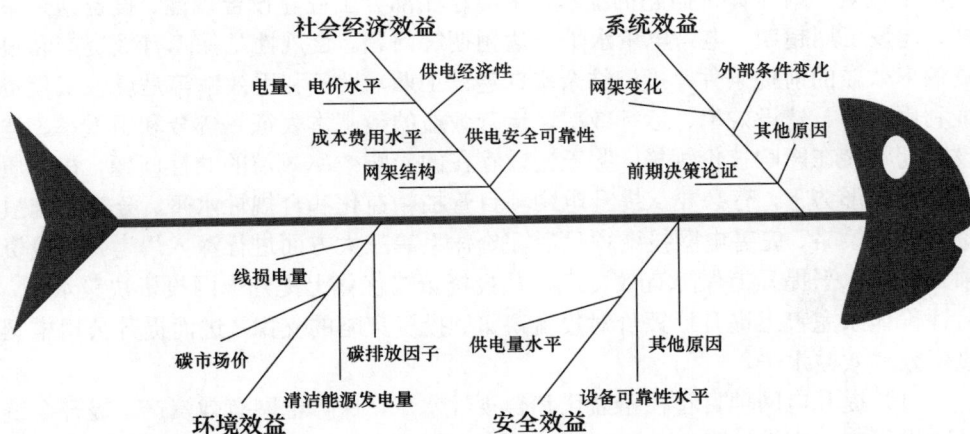

图 6-24　影响效益因素的鱼骨图分析

此外，基于专项分析，通过评估投资风险指数，也将进一步促进提升投资效率效益。通过评估工程投资方向、投资程序、投资回报和投资风险，综合评估投资风险指数，也是对工程合规性评价、效率效益评价的重要补充，将更好应对外部投资监管，保障有效资产，提升投资效率效益。

低于均值的工程效率效益主要影响因素类别见表 6-8。

表6-8 低于均值的工程效率效益主要影响因素类别

样本序号	主要影响因素类别	样本序号	主要影响因素类别
7	转资效率	21	转资效率、运行效率
9	建设工期效率、转资效率、运行效率	22	转资效率、运行效率
13	转资效率、运行效率、经济效益	24	转资效率、运行效率
14	运行效率、经济效益	26	转资效率
15	建设工期效率、转资效率	27	转资效率、运行效率
17	转资效率	28	建设工期效率、转资效率、运行效率
18	运行效率、经济效益	29	运行效率、经济效益
19	转资效率、运行效率	30	转资效率、运行效率
20	运行效率、经济效益	31	运行效率、经济效益

二、投资策略建议

聚焦投资效率效益，通过对 500 千伏电网的整体评价、对投产的 500 千伏输变电工程效率效益评价问题的梳理，主要存在部分工程建设合规性、投资结余率高、建设工期超期、电力电量水平未达预期等问题。合规性是保障有效资产和投资效率效益的前提条件，投资结余率、建设工期、设备利用效率等是反映工程资金利用效率、建设效率、运行效率、运营效益的最基本表征，资金利用效率、建设工期将潜在影响核价规模。鉴于当前存在的影响效率效益的共性问题，在高质量发展新形势下，有必要从提升电网项目管控精益化和合规性水平、分类实施投资差异化策略、完善电网投资项目后评价体系等三大方面进行深入思考，从投资项目管控水平提升上保障有效资产，从投资策略优化上提升电网投资决策水平，从评价体系完善上提升后评价对投资决策、投资策略的支撑，进而提升公司电网投资效率效益水平。

（1）提升电网项目管控精益化和合规性水平，保障电网有效资产。提升全链条建设程序合规性，降低投资风险，保障资产有效性。保障前期、建设、竣工验收、结算和决算等全链条建设程序合规性，特别是项目开工前的前期可研、核准、初设批复程序，优化前期可研内部流程，根据项目投资时序合理倒排前期可研、核准、初设批复进度节点，具备批复条件一批及时申报一批，并在项目可研批复请示后，加强对审批流程进度的跟踪，降低投资风险。

提升电网项目投资精益化管控，提高资金利用效率，保障核价规模。一是加强工程量审核，基于历史类似工程投资管控经验，合理核减工程量，同时加强对设计单位的考核力度，提升勘察设计深度，降低设计量差对投资精度的影响；二是对于设备材料价、其他费用偏差，综合考虑集中采购、预算管理模式对采购价格和其他费用列支的影响，及时调整造价文件，加强其他费用计费基数精度的控制，从而提升投资管控精益化水平；三是做足做好项目储备库，在尚有投资资金安排时，及时安排项目出库实施，提升资金利用效率。

提升建设工期和决算效率，提高建设效率，保障纳入监管期核价资产。一是加强进度管控，做好建设工期与停电计划和配合其他工程的进度衔接，合理规划投资时序；二是加强结算和决算进度节点的管控，有条件下将结算前提，具备结算一批完成一批，对于预见的费用争议，加强费用争议协调解决和材料收集，严格按合同结算条款处理，为后续结算和决算预留时间；同时，加强各结算和决算内部和外部相关管理部门、单位的协同推进工作，明确进度节点和各节点提交资料，为加快结算和决算提供保障。

（2）分类实施投资差异化策略，有效提升电网项目投资效率效益。投资方向上，重点储备解决设备重过载、缓解迎峰度夏供电压力、解决短路电流问题项目；加强 500 千伏主网架建设和输电通道能力建设，提升外区来电消纳能力和省内北电南送能力；加快大型支撑性电源、清洁能源配套送出工程建设。

1）投资时序上，加强送出工程与配套电源、上级变电站或相关配合工程建设的同步性，优化停电方案，加强主变压器扩建增容等类型工程与停电计划的协调。

2）投资结构上，针对满足新增负荷需求类项目，提升负荷预测精度水平，加强负荷切改；根据输配电价政策，引导市场主体根据自身实际负荷特性选择合理的报装容量，鼓励选择需量电费的用户提高电网利用率，在降低用电成本的同时促进资源优化配置，提升电网整体经济性。针对电源送出工程，合理选择电源并网点，减少配套电源送出工程投资成本。

（3）完善电网投资项目后评价体系，有效支撑电网投资策略优化。虽然当前电网基建项目后评价体系已较为成熟完善，但随着后评价工作的深入开展，必将对评价体系提出更高要求。而《关于印发〈国家发展改革委重大项目后评价管理办法〉的通知》（发改评督规〔2024〕1103 号）等顶层文件的出台，也进一步要求完善当前后评价体系。

1）评价方式上，可区分详细后评价和简化后评价，重点项目按详细后评价开展，一般项目按简化后评价开展，形成后评价报告、后评价表格等，做到投资项目评价全覆盖，为投资决策提供更多支撑性样本。

2）评价时点上逐步增加中间评价和全寿命周期评价，有条件下试点对重大重点项目实施过程开展过程评估，对实施周期长、投资大、建设环境复杂等的综合性项目其部分投资完成的子项目开展专项评价，对完全退出项目开展全寿命周期评价，收集积累运行效益数据。

3）评价指标和方法体系上聚焦。设运营效率效益，统一建立以效率效益为中心的后评价指标体系和评分规则，形成年度不同区域、不同电压等级、不同投资项目类型投资效率效益指数，便于对不同区域、不同电压等级、不同投资项目类型开展横向和纵向比较，为投资决策提供综合性量化依据。同时，对于财务效益评价方法，前评价增加正算方式，合理预测电量、电价和成本，正向测算财务效益指标，并开展敏感性分析、盈亏平衡分析和风险分析；后评价则进一步完善当前收益识别和成本界定方法，构建收益和成本多维评价体系，初始投资成本对于主变压器扩建、线路 π 接和电源送出工程等类型项目，综合考虑存量项目、并网网架加强工程投资成本的分摊，按照整体合理评估项目财务效益。对于经济效益不理想的项目，通过电量电价的盈亏平衡分析测算，为提升项目可持续性、呼吁政策支持等提供决策依据。

4）评价成果应用上，内部基于单个项目综合评价的效率效益指数开展分级管理，并基于每年度后评价回头看，滚动更新年度运营数据，不断更新年度效率效益指数。对于始终处于较低水平的项目，实行预警管理，梳理基于后评价查找的薄弱环节。对于建设过程环节存在的薄弱点，梳理问题清单并开展整改，为后续同类项目提供反馈；对于运行效果效益环节存在的薄弱点，事前重点加强可研管理，加强建设必要性论证，事后通过相关措施提升投入成效；针对效率效益指数较高项目，可继续保持现有运行模式，梳理建设运行经验，为后续同类项目提供借鉴；对效率效益指数处于中间位次的项目，着重对失分指标进行调整完善。基于不同区域、不同电压等级、不同投资项目类型综合评价的效率效益指数，可应用于不同区域、不同电压等级、不同投资项目类型投资分配，作为投资分配参考依据之一。外部通过评估项目经济效益、系统效益、安全效益、社会效益、环境效益等综合效益，作为支撑政府部门投资成效监管、输配电价核价辅助材料，通过提前准备并制定应对措施，特别是如存在低效项目，通过挖掘低效原因、增加社会环境等间接效益的评估，及时安排项目解决低效问题或降低低效运行带来的生产经营影响，合理评估低效项目带来的其他间接效益，降低监管风险。

参 考 文 献

1. 国务院国有资产监督管理委员会. 中央企业固定资产投资项目后评价工作指南：国资发规划〔2005〕92 号〔A/OL〕（2005－05－25）. http://www.sasac.gov.cn/gzjg/ghfz/200506010165.htm.

2. 国家发展改革委. 关于加强和规范电网规划投资管理工作的通知：发改能源规〔2020〕816 号〔A/OL〕（2020－5－28）. https://www.ndrc.gov.cn/xxgk/zcfb/ghxwj/202006/t20200608_1230930_ext.html.

3. 国家发展改革委. 关于印发〈国家发展改革委重大项目后评价管理办法〉的通知：发改评督规〔2024〕1103 号〔A/OL〕（2024－07－22）. https://www.gov.cn/gongbao/2024/issue_11586/202409/content_6975088.html.

4. DL/T 5523—2017. 输变电工程项目后评价导则〔S〕. 北京：中国计划出版社，2017.

5. DL/T 5438—2019. 输变电经济评价导则〔S〕. 北京：中国计划出版社，2019.

6. 规划局　中国海油.【央企投资后评价】聚焦"三维"发力　促进"三化"建设中国海油系统构建特色后评价工作新格局〔EB/OL〕.（2023－10－31）. http://www.sasac.gov.cn/n2588020/n2588072/n2590902/n2590904/c29224312/content.html.

7. 规划局　中国中铁.【央企投资后评价】打好投资后评价"三高"组合拳　助力中国中铁投资业务高质量发展〔EB/OL〕.（2023－09－28）. http://www.sasac.gov.cn/n2588020/n2588072/n2590902/n2590904/c28972311/content.html.

8. 规划局　中国移动.【央企投资后评价】建章立制　分类管理　两级协同　数智赋能　后评价助力中国移动投资效能提升〔EB/OL〕.（2023－06－08）. http://www.sasac.gov.cn/n2588020/n2588072/n2590902/n2590904/c28119642/content.html.

9. 规划局　中交集团.【央企投资后评价】"三位一体"高效推动投资后评价工作　助力中交集团项目投资高质量发展〔EB/OL〕.（2023－01－18）. http://www.sasac.gov.cn/n2588020/n2588072/n2590902/n2590904/c27011180/content.html.

10. 规划局　中汽中心.【央企投资后评价】发挥后评价统筹联动　助力中汽中心高质量投资〔EB/OL〕.（2023－03－03）. http://www.sasac.gov.cn/n2588020/n2588072/n2590902/n2590904/c27366178/content.html.

11. 规划局　中国建材.【央企投资后评价】心系"国之大者"　投资后评价助力中国建材打造"国之大材"〔EB/OL〕.（2023－03－08）. http://www.sasac.gov.cn/n2588020/n2588072/n2590902/n2590904/c27401312/content.html.